U0868131

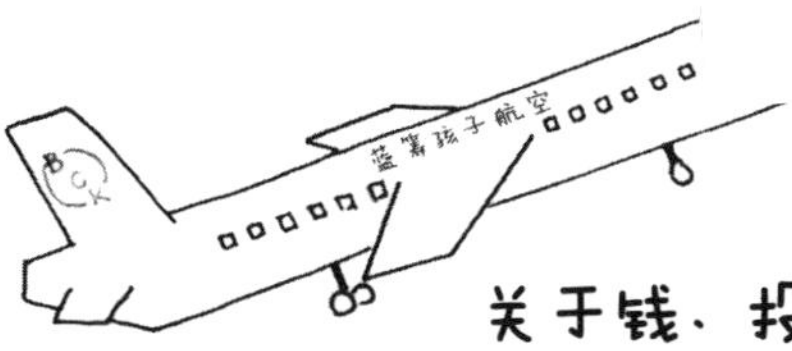

关于钱、投资和股市，
每一个孩子（和父母）都应该知道的事

蓝筹孩子

BLUE CHIP KIDS

WHAT EVERY CHILD（AND PARENT）SHOULD KNOW ABOUT MONEY , INVESTING , AND THE STOCK MARKET

【美】戴维 · W. 比安奇（David W. Bianchi） 著
徐立子 译

中信出版集团 · 北京

图书在版编目（CIP）数据

蓝筹孩子 /（美）戴维 · W. 比安奇著；徐立子译
. -- 北京：中信出版社，2018.4（2025.1重印）
书名原文：Blue Chip Kids: What Every Child
（and Parent）Should Know about Money, Investing,
and the Stock Market
ISBN 978-7-5086-8085-9

Ⅰ.①蓝… Ⅱ.①戴… ②徐… Ⅲ.①家庭管理－理
财－基本知识 ②金融投资－基本知识 Ⅳ.① TS976.15
② F830.59

中国版本图书馆 CIP 数据核字（2017）第 210525 号

Copyright © 2015 by David W. Bianchi. ISBN: 978-1-119-05719-2.
All Rights Reserved. This translation published under license. Authorized translation from the English language edition, Published by John Wiley & Sons. No part of this book may be reproduced in any form without the written permission of the original copyrights holder
Copies of this book sold without a Wiley sticker on the cover are unauthorized and illegal
Simplified Chinese translation Copyright© 2018 by CITIC Press Corporation
本书仅限中国大陆地区发行销售

蓝筹孩子

著　　者：[美]戴维 · W. 比安奇
译　　者：徐立子
出版发行：中信出版集团股份有限公司
（北京市朝阳区东三环北路27号嘉铭中心　邮编　100020）
承 印 者：北京通州皇家印刷厂

开　　本：787mm×1092mm　1/16　　印　　张：18.25　　字　　数：187 千字
版　　次：2018 年 4 月第 1 版　　印　　次：2025年 1 月第 9 次印刷
京权图字：01-2017-2094
书　　号：ISBN 978-7-5086-8085-9
定　　价：59.00 元

版权所有 · 侵权必究
如有印刷、装订问题，本公司负责调换。
服务热线：400-600-8099
投稿邮箱：author@citicpub.com

蓝筹：杰出的；一流的；根据过去的表现，被认为是一项安全投资的股票类别。

献给佰纳德·达蒂（Bernard Darty），他给了我创作这本书的灵感和鼓励。

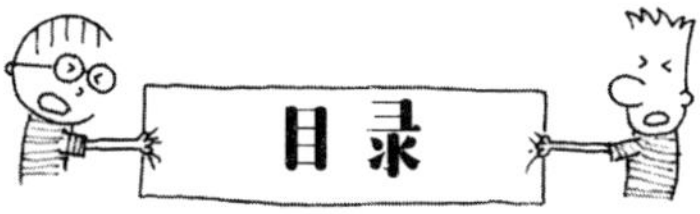
目录

受邀为戴维·W.比安奇（David W.Bianchi）先生的新书《蓝筹孩子》（*Blue Chip Kids*）写序，颇感荣幸。

从远古时代到现代，人们的日常生活都离不开钱。从物物交换，到用贝壳货币、金属货币交易，再到用纸币、电子货币及现在热议的虚拟货币交易，都折射出人类不断进化的消费和投资需求。如何在有限的资源配置下，让我们的生活过得更好？掌握一定的经济金融学知识，可以帮助我们实现效用最大化，即在一定的资源约束下达到最高的生活目标，让物质水平和精神层次同步提升。

现代社会普遍认为，经济金融学知识是适合人们从小开始接受的通识教育的一种，它让人们多了一种认识世界的思维方式。通过利用基本的经济金融学原理思考日常生活中的问题，可以培养自主意识、团队协作和企业家精神，为适应未来快速变化的经济社会生活做准备，经济金融学知识更是作为身心健康的社会参与者不可或缺的知识储备。如果大多数人都知道怎么赚钱、如何投资、怎样理财这些基本的金融专业知识，整个社会的经济发展水平将得到极大提升，金融相关业态也更加成熟，我们生活的世界就会变得更加安定、和谐、美好。

回顾童年年代，如果我们懂得各种赚钱的方法，也许我们会自己制作果汁汽水然后卖掉，当然我们也许会少了很多跳皮筋、打玻璃弹珠的时间；如果我们懂得量入为出，也许留下来的压岁钱到现在可能会累积成一笔不小的存款，当然我们也许会少了一些吃冰棍、嚼泡泡糖的乐趣；如果我们懂得投资股市、基金或其他金融衍生品，或许我们也会成为小“巴菲特”，当然也许会变成另一个“雷曼兄弟”。也许你会觉得，这是不同的机会成本问题，不同的人有不同的偏好和选择。但不可否认的是，懂得投资理财、有正确的消费观和金钱观，我们的生活将会有更多的变化、机会和可能性。生活本来就不是一成不变的，多一种方式或机会，往往会更加精彩。

作为关注子女教育的新一代父母，我们承担的责任更重。如何去引导孩子阅读或者爱上阅读基础的经济金融学书籍，是我一直以来不断思考的问题。其实，我发现，最简单的莫过于引发兴趣，做任何事情，首先要有兴趣，再持之以恒，就一定能成功。如果像讲绘本一样引导孩子去学习基础的经济金融学知识，用生动有趣的图画和简单的语言讲清楚相对复杂的经济金融学原理，孩子们接受起来会愉快、容易得多。比安奇先生的《蓝筹孩子》正是这样一本好书，我十分期待孩子快快长大，好带她一起阅读这本书，打开通往经济金融学的神秘之门。

朱尔茜

“宝贝吖” 宝贝全面成长计划顾问

美国内华达大学经济学博士

2018年2月于北京

前言

找几个最聪明的高中生，问他们几个关于钱、投资和股市的问题，关于理财、买卖股票和债券、货币和汇率、市盈率、看跌期权和看涨期权、赚钱的方法、借记卡、市场份额和首次公开募股、复利、做多和做空股票、税、期权、指数基金、抵押贷款、市值、美

联储、美国证券交易委员会、公司分析，等等，你觉得他们知道多少？我敢说他们了解的东西很少很少。

在教授孩子们金融技能方面，学校做得远远不够，而这些知识以后是非常有用的。很多学校觉得孩子们会在其他地方学到这些知识。现在的孩子对书本知识学得很好，他们16岁时知道的东西比老一辈21岁时知道的还要多，但他们是否掌握了未来50年将要用到的金融技能，帮助自己赚钱、花钱和投资呢？

这个话题其实既不枯燥，也不吓人，更不会太复杂。这里面的基本原理很简单，如果用一种孩子们易于理解的方式讲述的话，一个关于钱、投资和股市的全新世界将向所有年轻人敞开大门。另外，说实话，父母们也会受益良多。就像人们说的，“父母会给孩子买这本书，然后自己偷偷读，很多成年人也不知道金融是怎么回事”。

最开始时，我只是想给我13岁的儿子特伦特（Trent）写上几页纸，让他对钱和投资有一个基本的了解。最初我只打算写10页左右，最后却写了100个话题，并由特伦特上高中的表亲凯尔（Kyle）画了165幅插图。我写这本书的时候一直想着特伦特，你在看这本书的时候应该也会感觉出来。如果你想多了解一些知识，可以访问www.bluechipkids.com。

我们开始吧!让我们一起开启在钱、投资和股市世界里的这段旅程。

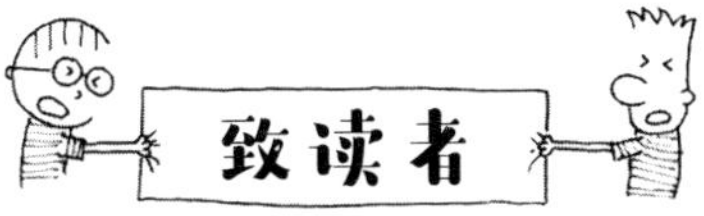

在写本书的过程中，每当需要提到某个人的时候，要想时时把男孩和女孩、“他”和“她”、“他的”和“她的”分清楚是一件很头痛的事。因此，我们的编委会——由相同数量的男孩和女孩组成——最终决定挑选其中的一种人称来用，全书统一。

在牧师、拉比和神父的监督下，我们用扔硬币决定，最后根据扔硬币的结果，我们决定在谈到某个人的时候统一用男孩表示。这纯粹是由扔硬币决定的，并不表明男孩在任何方面比女孩好，他们并没有更好。事实上，女孩很有可能做得更好。

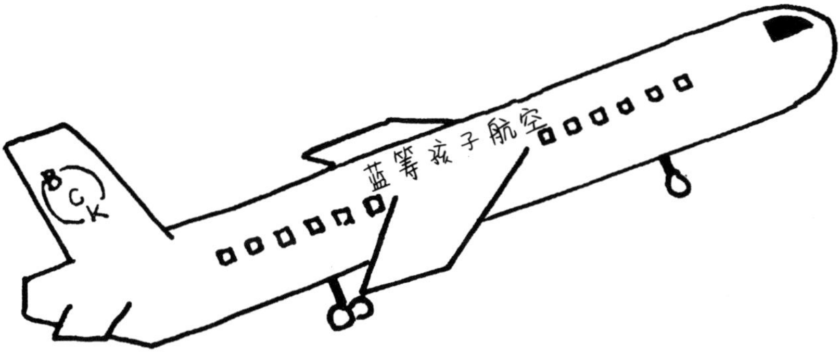

蓝筹孩子们，飞机要起飞了。

第一章　钱，钱，钱

钱有不同形状、不同大小、不同颜色。它每天都在世界各地流通，有了计算机技术，你甚至可以按一下按键，就让它消失不见。

旅途开始

每一件东西都要用到钱。

出生需要用到钱：你得付钱给医院、付钱给医生、付钱给护士、付钱买下你出生时他们给你的所有东西，你可能会收到一份账单，那可不是小数目。

死亡也需要用到钱：你得付钱给在你生命最后一刻照料你的医生和护士，你死了之后，还得有人出钱来操办葬礼。那也不便宜。

从生下来一直到死去，每一件东西都要花钱：吃的、穿的、住的、学费、汽车、保险、度假、电费、有线电视费、手机、电脑、汽油、割草机、家具、小船、给家人的礼物，任何你能想到的东西。钱对于我们的生活就像氧气对于呼吸那么重要。不管你喜不喜欢它，你不能没有它。

在你的一生中，你会通过很多方式赚钱。你可能自己创业、给公司打工，或者通过买卖股票和债券来赚钱。我们不知道你会通过什么方式赚钱，但你肯定能赚到钱。然而有一件事你必须永远记住：**一定要量入为出。**

你得把你赚到的钱攒下一部分，不能花掉。你需要开个银行账户，把钱存进去，在你赚不到钱或者有意外支出的时候，这笔钱能救急。一定要遵守这个原则。

过去的这些年里，我见过太多的人，他们的生活里满是财富的陷阱，一旦掏不出钱的时候就会落入陷阱。他们买了豪宅、名车、游艇和珠宝，他们总是在旅游，总是在花钱，只要他们还能勉强维持。

更糟糕的是，有些人习惯了过好日子。他们可能在某一年赚了大钱，后来他们就从银行借出更多的钱，继续过奢靡的日子。等待他们的将是财务灾难。千万别那么做。

要量入为出。理智地花钱，按照一定的频率存钱。时间长了，有一天你会被自己的积蓄吓到。

贷款部门

存在银行里的钱能让你有安全感，知道自己能够经受住金融风暴的考验，还能减轻花钱带来的压力。

要做**有纪律的储蓄者**、**保守的消费者**，要量入为出。

世界上的钱各不相同

钱的另外一个名字是货币，这是同一个东西的两种称呼。

多数国家都有自己的货币。有的国家没有自己的货币，而是直接把其他国家的货币拿来用。

在接下来几页的图片中，你将会看到目前世界上正在流通的一些货币。它们色彩缤纷、生动有趣，每一种货币都描绘了对本国或本地区很重要的人物或者事件。

美国的货币叫**美元**。它是用一种特殊的纸制造的，由位于美国华盛顿特区的美国财政部发行。

美元是全世界流通很广的货币。大多数国际贸易都是以美元结算的。想想看，假如一个日本的公司制造了汽车，想卖给美国的买家，那个日本公司应该怎么收钱呢？是用美元还是用日元？多数类似的跨国交易都是以美元支付或者结算的。不是全部，是大多数。

如果是一家中国的公司想要把衣服卖给日本买家呢？中国的厂

家怎么收钱呢？用人民币还是日元呢？或者是美元？答案是，要看情况。买卖双方可以商量决定怎么支付。它们可以选择它们想要的货币。

你应该了解的一个重点是，有几百个国家发行了几百种货币，人们用这些货币来购买东西。没有全球性的统一货币。

BERMUDA MONETARY AUTHORITY
TWO DOLLARS
$2
BERMUDA MONETARY AUTHORITY
TWO DOLLARS
$2
BERMUDA MONETARY AUTHORITY
TEN DOLLARS
$10
BERMUDA MONETARY AUTHORITY
TEN DOLLARS
$10
Australia
5
FIVE DOLLARS
2000
COLOMBIA
BANCO DE LA REPUBLICA
DOS MIL PESOS
Australia
5
2000
DOS MIL PESOS
2000

FEDERAL RESERVE NOTE
THE UNITED STATES OF AMERICA
THIS NOTE IS LEGAL TENDER FOR ALL DEBTS, PUBLIC AND PRIVATE
WASHINGTON, D.C.
ONE DOLLAR
THE UNITED STATES OF AMERICA
IN GOD WE TRUST
ONE
ONE DOLLAR

欧元：这都是怎么回事

尽管没有一种全球性的统一货币，但是有一些地区性货币，也就是说，世界上某些地区的一些国家使用同一种货币，它们一致认为，比起使用不同的货币，使用同样的货币能让它们受益。

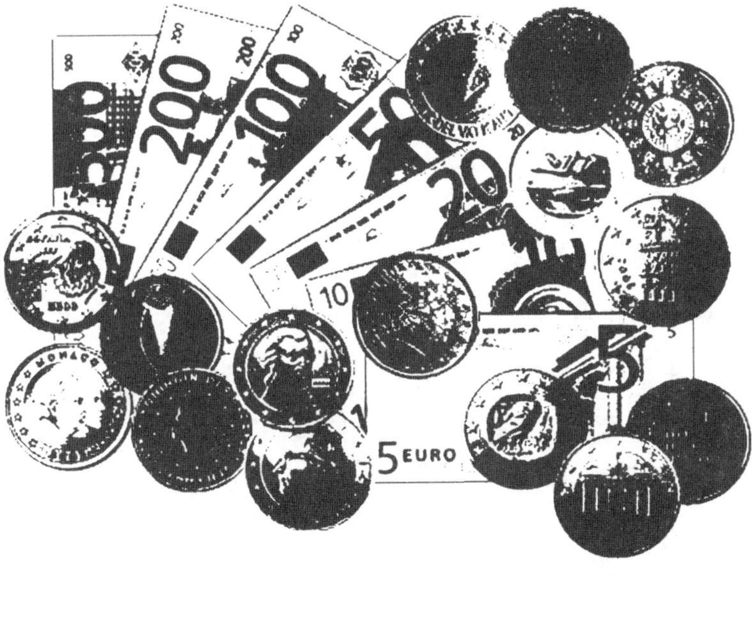

最好的例子就是**欧元**。欧元得名于欧盟，很明显，它是欧盟的主要国家所使用的货币。

欧元出现于1999年，直到2002年才真正开始使用。目前，有19个国家使用欧元，这些国家被叫作**欧元区**。2015年欧元区成员国包括：

1. 奥地利
2. 比利时
3. 塞浦路斯
4. 爱沙尼亚
5. 芬兰
6. 法国
7. 德国
8. 希腊
9. 爱尔兰
10. 意大利
11. 拉脱维亚
12. 立陶宛
13. 卢森堡
14. 马耳他
15. 荷兰
16. 葡萄牙
17. 斯洛伐克

18. 斯洛文尼亚

19. 西班牙

在引入欧元之前，欧元区的每一个国家都有自己的货币：奥地利的是先令，比利时的是法郎，塞浦路斯的是镑，爱沙尼亚的是马克，芬兰的是马克，法国的是法郎，德国的是德国马克，希腊的是德拉克马，爱尔兰的是镑，意大利的是里拉，拉脱维亚的是拉特，立陶宛的是立特，卢森堡的是法郎，马耳他的是里拉，荷兰的是荷兰盾，葡萄牙的是埃斯库多，斯洛伐克的是克朗，斯洛文尼亚的是托拉尔，西班牙的是比塞塔。

每当你从一个国家去另一个国家的时候，你得把你那个国家的货币**兑换**成你要去的那个国家的货币，这样才能买东西。这是一件需要认真思考的事情，你得计算出用手头的货币能换到多少新的货币。这很有意思，但是也很复杂。有了欧元，就不需要这么做了。现在，你在哪个国家都能用欧元，就是这样，超级简单。

然而，需要指出的是，如果你用的是**非欧元区**的货币，你进入欧元区的时候还是得走一遍这个流程，把你的钱换成欧元。比如说，你有 100 美元，你准备去法国旅游，打算把钱换成欧元，你就得去银行或者货币兑换窗口，把你的 100 美元给工作人员，他会给你 100 美元的等值欧元。

汇率，或者说他们给了你多少等值欧元，一直都在变化。因此，今天他们给了你这么多不代表明天他们还会给你这么多。

曾经有一段时间，你用 90 美分就能换 1 欧元。现在，你大概需要用 1. 18 美元。换句话说，欧元相比美元升值了或者说更强劲了，因为你现在需要用比 90 美分更多的钱才能换到 1 欧元。

假如明天欧元的价格回落到 90 美分，那么欧元相比美元就变弱势了，而美元则变得强劲了。一种货币相对于其他货币总是在高

高低低不停地变化，这些变化导致汇率一直在浮动。

欧元的存在是有争议的。有人喜欢，有人不喜欢。对这 19 个成员国来说，欧元还将作为共同货币继续存在，但是关于欧元是好是坏的争论将会一直持续下去。

汇率和货币兑换

如果你生活在美国，想要买一辆丰田汽车，你会怎么做呢？你会找一家丰田汽车的经销商，选择你喜欢的那款车，跟经销商签订协议约定好价格。

假设你想买的那辆丰田汽车含税价格是25 000美元，同时我们假设你兜里的钱刚好够25 000美元，那么你就可以把钱交给经销商，他把车钥匙给你，让你把车开走。

假设你在加拿大有个朋友，他也想买一辆和你一样的丰田汽车，他会怎么做呢？跟你一样，他会找到一家经销商，选好同样的车，并且和你一样，也同意现金付款。

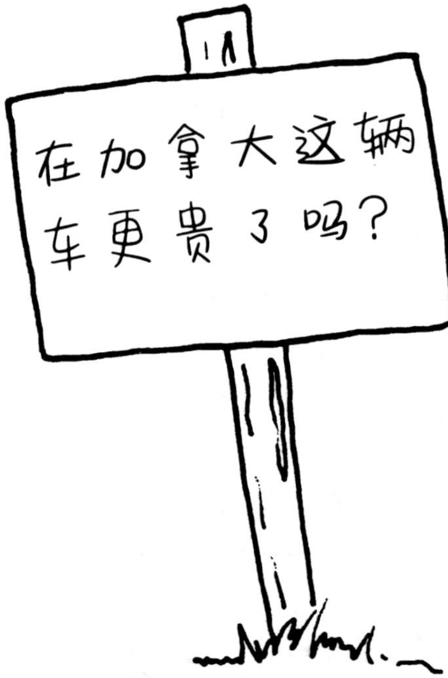

但是，你的加拿大朋友付的不是美元，他会付加元，因此，他应该支付27 500加元[①]。这是怎么得出来的呢？为什么他需要付

① 此数值由作者按写书时的汇率计算得来。——译者注

27 500加元，而你只需要付25 000美元？答案就是：美元和加元的价值是不一样的，1加元比1美元少10%的价值。所以，为了买同样的一辆车，你的加拿大朋友就需要多支付一些加元。

把美元的价值与加元的价值进行对比就叫作汇率。你用1美元能换到多少等值加元呢？或者，反过来，你用1加元能换到多少等值美元呢？

记住，在我写这本书的时候，加元比美元便宜10%。因此，如果别人给你1加元，他会从你这得到90美分，因为1加元=90美分。

相反，如果你给了一个加拿大人1美元，那么他应该给你1.1加元，因为1美元比1加元贵10%。懂了吗？

世界上各个国家的货币每天每分钟都在进行着交易，因此人们可能会赚钱可能会亏钱，那又是另外一个故事了。现在你需要了解的是，不同国家发行的货币价值不同，它们的相对价值总是在涨涨跌跌。

在我写这本书的当下，如果你用 1 美元去换墨西哥比索，会得到 13 比索；如果你用 1 美元去换巴西里尔，你能得到 2 里尔；如果你用 1 美元去换哥伦比亚比索，你能得到——准备好了吗——2 000 比索；如果你用 1 美元去换俄罗斯卢布，你会得到 35 卢布，等等。

当你去机场的时候应该见过一些小窗口，有人坐在玻璃窗子后面，你可以找他换钱。

他们的工作是收下你给他的钱，提供你想要的那个币种的等值货币。

货币兑换窗口怎么才能知道应该给你多少钱呢？他们可以通过电脑查询**国际外汇市场中的**汇率，然后再加上他们的手续费。所以，你给了他们钱之后，拿回的钱价值会稍微少一点，这个差是你所享受到的服务的价格，为了提供这项服务，一家公司会雇用员工为你兑换外汇。公司需要支付员工薪水和日常开支，他们得通过提供的服务赚钱。

你可以随时登录彭博网（Bloomberg. com），在上面找到实时汇率。也有其他网站可以提供同样的信息。

赚钱的方法

有很多赚钱的方法，以下只是人们赚钱方法的几个例子。

1. 如果你的邻居跟你说，他会付你 10 美元让你修剪草坪，你觉得这个价钱可以接受，完成任务之后他付给你 10 美元，这叫作**服务费**。

换句话说，你完成了一项工作，得到了相应的报酬，你提供的是按次收费的服务，这叫作**固定收费**。这是一种在工作开始之前谈

好价格，工作完成之后才支付的费用。

2. 你受雇于一家公司，它同意 1 小时支付你 30 美元。如果你每周工作 40 小时（1 周 5 天，每天 8 小时），那么周末的时候你能得到 1 200 美元。这是典型的计时工作，很多人都是靠**时薪**为生。

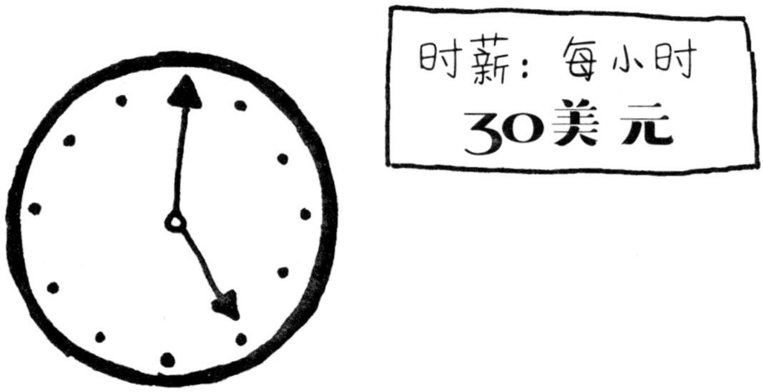

3. 你可以受雇于别人，然后拿**年薪**（例如工作一整年拿到一个预先谈好的金额）。年薪跟你工作的小时数无关（尽管你要辛勤工作才能保住工作）。比如说，假设你的年薪是 4 万美元，那么每周你会得到 769 美元，全年一共 52 周，加在一起就是 4 万美元。4 万美元就是你这一年的**总收入**。

4. 你也有可能有一份这样的工作，你的收入既不是按时薪算也不是按年薪算，而是看你每年给公司带来了多少收入。比如说，你受雇销售一个高层建筑里所有的公寓，开发商把全年你卖掉的公寓总价值的 5% 付给你。

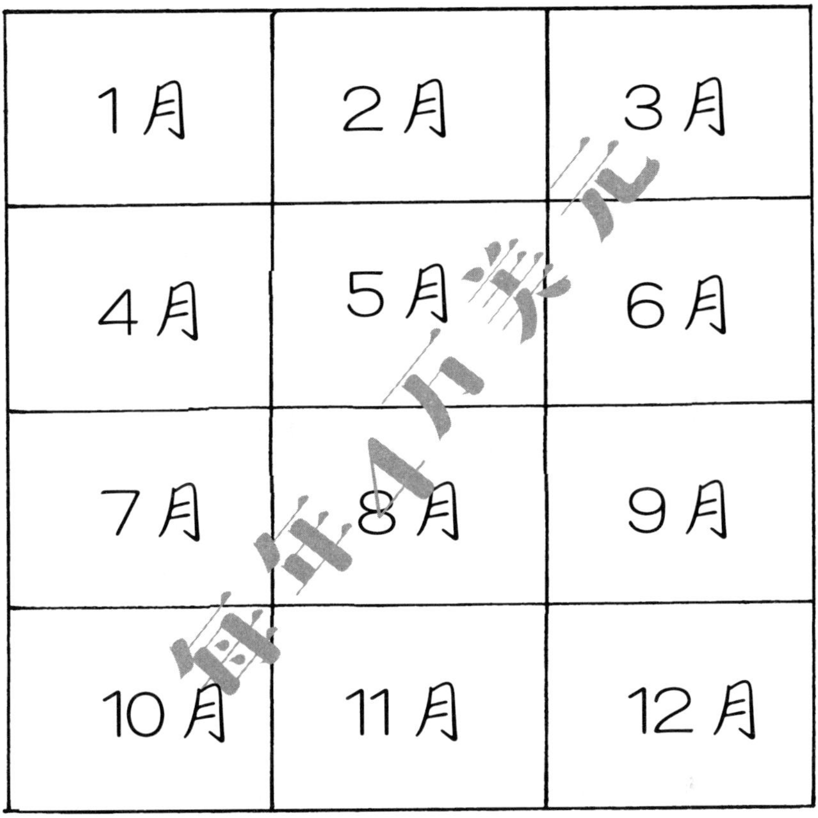

这种形式的收入通常叫作**佣金**。你得到了一份佣金或者是你**创造的销售额的一定百分比**。如果你一年卖出了价值 1 亿美元的公寓，你的佣金，或者说总收入，就是 1 亿美元的 5%，即 500 万美元。如果你一套都没卖出去，你什么都拿不到。如果你卖掉了很多，你的收入会非常可观。

5. 还有一种赚钱的方法是**成功酬金**，多数律师采用的是这种方式。这类似于一种这样的佣金：如果成功就能拿到钱，如果失败

就什么都没有。

被雇用的律师要负责客户的一个案子直到解决为止，他会得到胜诉赔偿的一定百分比作为成功酬金。换句话说，能否拿到钱要看案子的结果。客户拿不到赔偿，律师就拿不到酬劳。比如说，如果律师打赢了官司，客户获得了 10 万美元的赔偿，律师的成功酬金是 30%，那么这位律师的总收入就是 3 万美元。

6. 很多成功人士不是靠工资或者服务费赚钱，他们创办公司，培育这家公司，几年后**把这家公司卖掉**，得到一大笔钱。在这种情况下，他们卖掉了公司，赚到了钱，就可以开始享受生活了。现在这种情形很常见，像谷歌（Google）、脸书（Facebook）、推特

（Twitter）和瓦次普（WhatsApp）的创始人都卖掉了全部或者部分股份，一夜之间成为亿万富翁。

7. 有些人**综合了上述各种方法**来赚钱，对冲基金经理就是个很好的例子。

有钱人经常会用一部分钱投资对冲基金。对冲基金靠投资那些不管市场涨跌都会赚钱的证券来实现"对冲"（这个目标不见得能成功，失败的对冲基金倒闭很常见）。

对冲基金既收取固定费用也收取或有费用。固定费率通常是投资者投资金额的 2%，或有费率通常是投资者收益的 20%，这也叫作 **2-20 费率结构**。如果你做得好，这是个赚大钱的方法。

8. **咨询费**也是一种赚钱的方法。顾问通常是某些领域的专家，他们的工作就是向客户提供商业方面的建议。

顾问的收费包含一部分固定收费再加上对他们代垫费用的报销。比方说，你为新公司聘请了一位营销顾问，他的工作就是跟你沟通，提供对于企业成长、网络定位、吸引客户等方面的建议。作为对咨询建议的回报，你应该向顾问支付预先谈好的酬金，还要报销他垫支的费用。

9. 有些人通过帮助别人得到的**小费**赚钱。当然，最好的例子就是饭店的服务员。

服务员的时薪通常很低，但是他们会得到顾客支付的小费。这种费用有点像或有费用，也有点像佣金，因为小费通常是销售额的一定百分比（通常是10% ~20%）。小费存在已久，很多人的年收入就靠小费了。

10. 还有一种赚钱的方法是做**交易**。有人拥有你想要的东西，而你拥有他想要的东西，你们两个人决定做一笔交易。

咖啡

比如说，一家一流汽车经销商同意用你的1942年的劳斯莱斯换它1975年的法拉利，你一直都想要这辆车。你们都觉得这是一笔好买卖，因此你们成交了。

这家经销商后来把这辆劳斯莱斯卖给了早就找好的买家，用卖车得到的钱付自己的各项费用。

一个补不起牙的粉刷工可能会跟牙医说，如果牙医帮他补牙的话，他可以帮牙医刷墙。他们达成了交易，彼此都得到了想要的东西。

人们经常可以通过交易得到商品或者服务，而不用支付现金。以物易物的概念，几千年前就有了。

比特币

如果你最近留意过财经新闻的话，你可能听到过大家讨论**比特币**。但那是什么东西？为什么要提到这个东西呢？

比特币是一种电子货币，2009 年一个叫中本聪的人发明了比特币，他和一小群人希望建立起一种不用传统货币就能进行网上支付的通用方法。

到目前为止，我们所知道的货币都是由政府印制发行的。这些货币由政府提供信誉支持，全世界都将其作为支付的合法形式。比特币想要彻底改变这种情况，现在越来越多的公司也接受比特币作为合法交易的支付手段。

然而，有些人认为，比特币的交易过程处于监管之外，会引发犯罪。例如，2013 年 10 月，美国联邦调查局（FBI）关闭了“丝路”，这是一家提供比特币交易服务的网站，拥有超过价值 2 300 万美元的比特币。

现在，比特币的价值波动剧烈，你在花钱买比特币之前一定要非常小心。我们聊到它，是因为你应该知道，电子货币自此可能会成为常态，也许有一天，一种类似比特币的全新通用货币会出现，它会受到严格监管，代替所有现在我们熟悉的货币。时间会证明一切。

第二章　不同的支付方式

过去很简单：你用现金买东西。现在，你有很多选择：支票、借记卡和信用卡、在线支付、电子转账，还有苹果支付。

支票账户

你的支票账户就是对资金进行日常管理的账户。你把薪水或者其他收入存到这个账户里，用这个账户付账单。

付费用的时候，你通常会向收费的人开张支票，这些费用包括：佛罗里达电力公司（Florida Power and Light）的电费账单、迈阿密－戴德水力公司（Miami-Dade Water and Sewer）的水费账单、帮你割草的那个小伙子收的钱、液化石油气公司（卖给你烧热水和做饭用的液化石油气）的账单、提供保险计划的保险公司的账单、空调修理公司的账单、维萨（Visa）卡和美国运通（American Express）卡的账单，等等。

开支票虽然需要花上一点时间，但是一个记录自己消费历史的好办法。开了一张支票之后，你就在**支票簿**里做了一笔分录，这样就能永久记录下你的钱付给了谁、支票号码、付款日期和付款金额。

支票簿记录了收到的款项和支出的款项：进账、出账。仔细地记录下自己收到的钱和花掉的钱，你就可以准确地知道有多少钱可供消费了。

下图是一份支票簿的复印件。

■ AD-Automatic Deposit ■ AP-Automatic Payment ■ ATM-Teller Machine ■ DC-Debit Card ■ T-Tax Deductible ■ TT-Telephone Transfer

NUMBER OR CODE	DATE	TRANSACTION DESCRIPTION	PAYMENT AMOUNT	✓	FEE	DEPOSIT AMOUNT	$ 10,000.00
1	7/2	Blue Chip Kids Airlines	$ 400 -			$	9,600 -
2	7/3	Credit Card payment	600 -				9,000 -
3	7/7	Electric bill	300 -				8,700 -
4	7/8	Car Insurance	200 -				8,500 -
5	7/10	Lawn guy	100 -				8,400 -
	7/10	Deposit - pay check				700 -	9,100 -
	7/11	wire transfer to E Trade	2,000 -				7,100 -
6	7/20	Rent	900 -				6,200 -
	7/22	Deposit - pay check				700 -	6,900 -
7	7/30	birthday gift card	200 -				6,700 -
8	8/1	Water bill	150				6,550 -
9	8/3	Deposit - dividend check				400 -	6,950 -

你存在支票账户里的钱叫作**账户余额**，这是收支相抵之后的结余。

每个月银行会寄给你一份对账单，列出你的账户上个月收到的款项和支出的款项。你应该把支票簿和银行对账单进行核对，确保你的记录准确无误。把你认为你有的钱和银行认为你有的钱进行核对的这个过程叫作**对账**。

你永远也不会想要失去对支票账户里的钱的掌控，马马虎虎地管理自己的财务事项会导致账户**透支**，意思就是，开出的支票金额超出了你实际上有的余额。如果发生透支的话，你开出的支票就一钱不值，给别人一张无效的支票可是一件很丢人的事。另外，银行很可能会向你收取透支费或者罚款，你的马虎大意最终会带来金钱上的损失。

电子支付

不久之前还没有**电子支付**这种东西，但现在已经随处可见了。

通过电子支付，你可以在电脑上完成付款，而不用每个月开支票来支付账单。有了电脑你可以直接从自己的账户向对方的账户付款，这是一种越来越流行的支付手段。

你还可以设置自动电子付款，这个系统可以自动从你的账户里扣除应该支付的款项。只要你做好了设置，就不需要再进行任何操作，只需确保账户里有足够的钱可以用来付账单。

为使自动支付生效，你需要填写一份表格，提供给每个月需要向其付款的公司，例如佛罗里达电力公司，写上必要的信息，填好表格之后，它们会和你的银行签署一份协议，每月第一天自动从你的账户里扣钱。

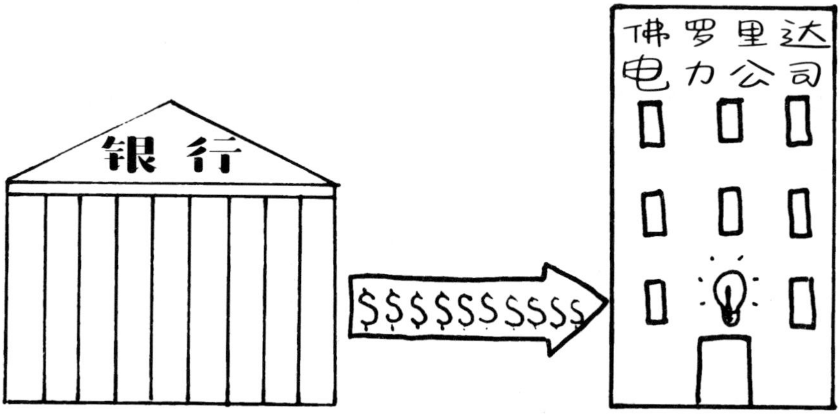

在使用电子支付的过程中，你可以随时登录系统，查看账户情况，看到付款用途和付款时间的详细信息。在线查询可以让你准确地了解账户情况，越来越多的人开始使用这种方式付款，而不是像以前那样，写好支票，装进信封，然后贴张邮票扔进邮筒。

网上银行

有了网上银行，你不需要去银行柜台就可以存钱或者向外付款，你可以用电脑或者智能手机进行操作。这是银行服务的一个巨大转变，可以为客户节约很多时间。

信用卡

信用卡是由信用卡公司发行的，有了信用卡，你不用花现金或者开支票就能买东西。

美国最常见的信用卡有维萨卡、万事达卡（Master Card）和美国运通卡。发行这些卡的公司都是上市公司，它们的股票在纽交所（纽约证券交易所，英文简称 MYSE）上市交易。

当你使用信用卡买东西的时候，商家会扫描你的信用卡。在短短的几秒钟里，将做如下两件事：

1. 电脑会核实信用卡是否有效，有没有因为某种原因被注销了。

2. 这笔交易被记录在你的信用卡账户里。过一段时间你会收到信用卡月结单，然后可以通过支票或者电子支付还款。

当你用信用卡消费时，实际上你是使用了信用卡公司的钱，直到你还了信用卡账单为止。比如说，3 月 2 日，你用维萨卡买了一台 400 美元的洗衣机，直到 4 月 2 日你才需要还款。在你真正为了这笔交易支出 400 美元之前的那 30 天里你实际上是使用了维萨公司的钱。

想想看，当全世界的人都在使用信用卡消费的时候，这将是一笔多么庞大的资金。信用卡公司在收到客户的还款之前，为客户的消费垫付了数十亿美元的资金。尽管如此，信用卡业务仍是这些公司的主要赢利业务，它们在不断地通过各种方式吸引新客户使用信用卡。

信用卡公司通过向卖给你东西的商家收取手续费赚钱，费率通常是每笔交易金额的2% ~3% 。比如说，你在全食超市用维萨卡买了 100 美元的东西，超市会从维萨公司收到 98 美元，维萨公司留下 2 美元作为手续费。

当你把维萨和其他信用卡公司收到的全世界所有的信用卡交易产生的 2% 的手续费加在一起的时候，你会发现这对于信用卡公司来说是一个巨大的收入来源。

信用卡公司的另一个主要收入来源是，信用卡用户每个月没有全额还款时产生的**透支利息**。

未还款项会马上开始产生高昂的利息费用（12% 甚至更高），用户必须向信用卡公司支付这笔费用。

很多人觉得信用卡能带来三方共赢：商家喜欢信用卡，因为它们在客户购物后马上就能得到大约 98% 的款项；信用卡公司喜欢信用卡，因为它们可以收取手续费和透支利息；消费者喜欢信用卡，因为他们出门的时候不需要随身带很多现金。

信用卡的另一个好处是，信用卡公司每个月都会向客户发送对账单，上面记载了这个月的交易明细。月度对账单是掌握自己消费习惯的一个有用工具。

苹果公司也加入了这一领域，推出了苹果支付，这样你可以通过苹果设备而不是信用卡进行购物。这将会成为另一种常见的支付方式。

借记卡

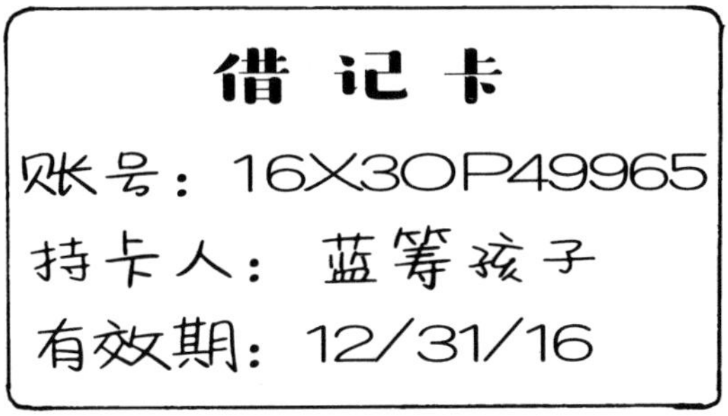

借记卡看起来很像信用卡，但是这两种卡完全不一样：当你使用借记卡的时候，交易金额会自动被**借记**或者说从账户里扣除。如果当时你账户里的余额不足，交易会被拒绝，你就没有办法购物。当你使用信用卡的时候，即便账户里没有钱，还是可以购物。只要你在收到信用卡账单的时候账上有钱，能还得起款，就可以了。

借记卡**随用随扣款**。当你使用借记卡购物的时候用的是自己账户里的钱。

电子汇款

一个人向另一个人付款有好几种方法：(1) 给他现金；(2) 给他开张支票；(3) 用**电子汇款**向他的账户里付款。

电报汇款①是很早之前的一种说法。

① 电子汇款的英文为 Wire Transfers，最初译为电报汇款。——译者注

如果想向其他城市的人汇款，美国人可能会选择西联汇款（Western Union），它会为汇款人转账。汇款人把钱交给柜员，这个柜员通过发电报向收款人所在城市的西联汇款网点发送信号，那个城市的相应柜员就会把钱转给收款人。这个过程就叫作电报汇款。

今天，这个过程常被称为**电子汇款**。这是把钱从一个人转给另一个人或者从一个账户转到另一个账户的现代做法。尽管这个过程已经电子化了，但还是经常被称为电报汇款。

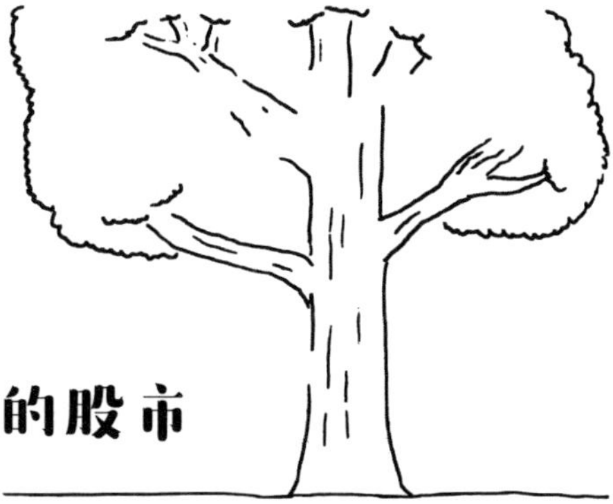

第三章　酷酷的股市

世界上有很多股票市场，它们的运作机制都差不多。你在读这本书的时候，人们正在买卖股票，有的赚钱了，有的赔钱了。

股票市场和股票交易所有什么区别

股票市场和股票交易所是一个东西，这两个词可以换着用。

什么是股票市场

股票市场是让人们按照一定的规则买卖股票的地方，就是这么回事。

想想看，如果你有 100 股苹果公司的股票，没有股票市场，那么你怎么卖掉这 100 股股票呢？你就得打电话给别人，看看有没有人想买你的股票，没什么更有效率的办法了。更糟糕的是，想买你股票的人不知道之前别人都是拿什么买的，他也不知道怎么付给你。

买卖股票需要一些规则，好多年前，美国人就发现了这一点。

1792 年 5 月 17 日，在美国纽约华尔街的一棵梧桐树下，24 位股票经纪人聚在一起，签署了**《梧桐树协议》**，建立了**纽交所**的雏形。美国最古老、最著名的证券交易所就这样诞生了。

华尔街与股票市场

纽约确实有一条街叫华尔街。这条街并不宽，却是世界上最有名的几条街之一。它位于曼哈顿下城，是美国金融街的心脏地带。

世界最大的银行和证券公司都在华尔街或者华尔街附近有办公室，纽约证券交易所也坐落于此。多数人一提起股票市场，就会想到纽交所。如果你有兴趣，可以去看看。

你可能不知道，世界上有好多证券交易所。光在美国，就有很多。以下是一些世界上最重要的证券交易所，人们每天都在这些交易所买卖股票和债券。

纽约证券交易所

纽交所有 2 308 只股票挂牌交易。如果按上市公司总市值计算的话，它是世界上最大的证券交易所。美国大的公司多数都在纽交所挂牌交易，包括美国电话电报公司（AT&T）、国际商用机器公司（IBM）、通用电气（General Electric）、通用汽车（General Motors）、福特（Ford）、卡特彼勒（Caterpillar）、陶氏化学（Dow Chemical）、花旗集团（Citigroup）、维萨、波音公司（Boeing），还有富国银行（Wells Fargo）。如果你想买卖这些公司的股票，交易就是在纽交所进行的。

纳斯达克证券交易所

它是美国另一个大型证券交易所，简称纳斯达克，也位于纽约，创立于 1971 年，有 2 700 只股票挂牌交易。这是世界第二大证券交易所。纳斯达克证券交易所也有很多著名的公司，包括脸书、微软（Microsoft）、推特、宜曼达（Illumina），还有特斯拉（Tesla）。

东京证券交易所

有 2 300 只股票在这里挂牌交易，按照总市值计算，东京证券交易所是世界第三大证券交易所。

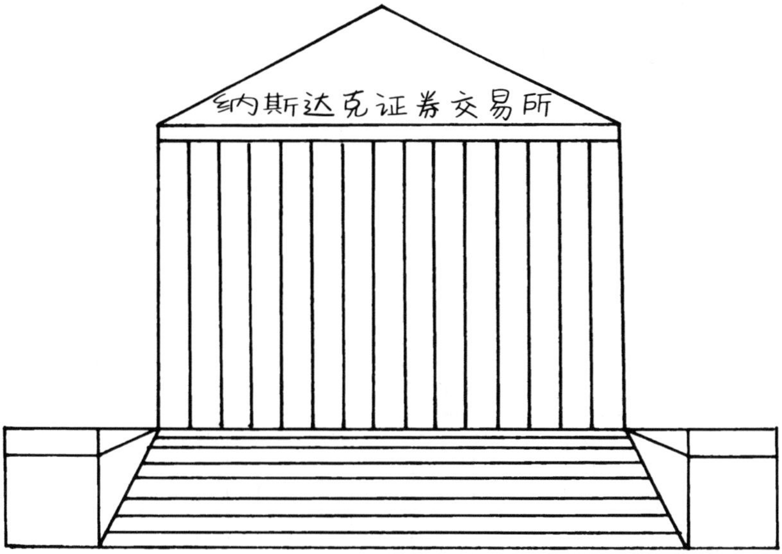
纳斯达克证券交易所

东京证券交易所

伦敦证券交易所

伦敦证券交易所创建于1801年，有来自60多个国家的3 000多家公司在这里挂牌交易，它是世界第四大证券交易所。

泛欧证券交易所

泛欧证券交易所在伦敦、巴黎、里斯本、阿姆斯特丹、布鲁塞尔都有交易所。2007年，它与纽交所合并，成为纽约泛欧证券交易所。它有528家上市公司，总市值大约15亿美元，是世界第五大证券交易所。

新加坡证券交易所

这个交易所相对较小，但是地理位置很重要。它成立于1999年，大约有800只股票挂牌交易。

悉尼证券交易所

这个交易所的历史可以追溯到19世纪中期。它是世界第八大证券交易所，有2 100只股票挂牌交易。

圣保罗证券交易所

这是世界第十三大证券交易所，有365只股票挂牌交易。

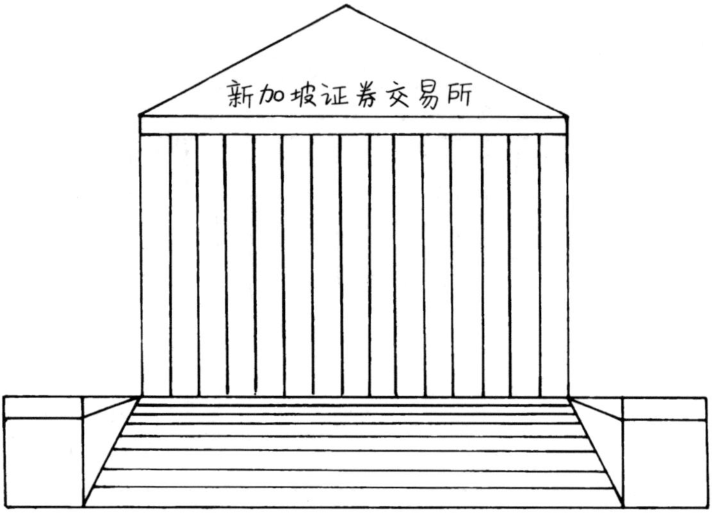
新加坡证券交易所

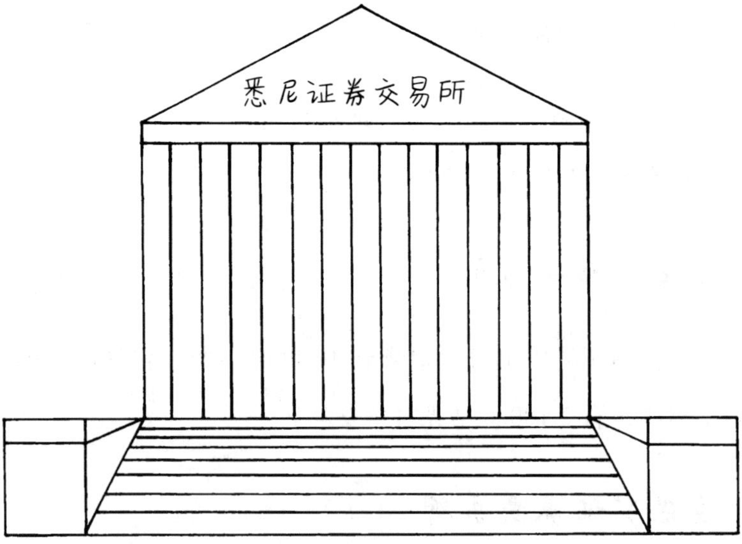
悉尼证券交易所

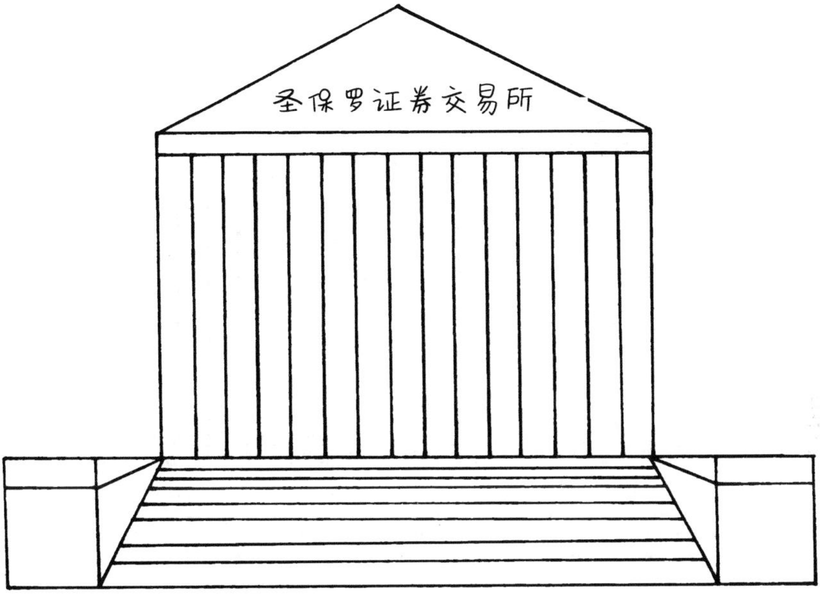

投资者证券交易所

投资者证券交易所（Investor Stock Exchange，简称 IEX）是新成立的。一些聪明、富有的人想找到一个办法交易股票，不让高频交易员抢先，因此他们创办了 IEX。我们在后面会介绍高频交易是什么。目前美国只有很少的股票在 IEX 交易，但是以后可能会变多。

以上只是全球证券交易所的几个例子。全球有很多证券交易所，每天每分钟都在进行着股票交易。

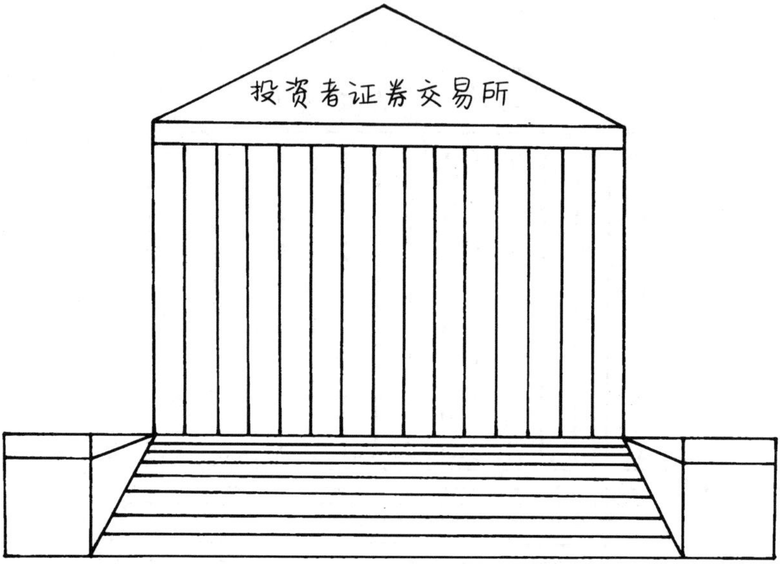

股票

股票只是一张纸，被称为**股权凭证**，它可以证明你拥有发行股票的那家公司的一部分所有权。股票有时候也被称为**证券**。

比如说，如果你有 1 股谷歌股票，那么你就是谷歌公司的拥有者之一；如果你有 2 股苹果股票，那么你就是苹果公司的拥有者之一；如果你有 3 股特斯拉股票，那么你就是特斯拉公司的拥有者之一。挺酷的，对吧？

现在假设你创办了一家自己的公司，叫 T. R. E. N. T 公司，专门生产、销售船只。你在创建公司的时候，就得决定应该发行多少股的股票。可以是 1 股、100 股、100 万股，或者任意多少都可以。

作为公司唯一的拥有者，你决定 T. R. E. N. T 公司发行 100 股股票。让我们来看看 T. R. E. N. T 公司的股票凭证什么样子，大概如下图所示。

我们把故事继续讲下去，假设来了一个人，特别喜欢你们公司的船，因此决定买下半个公司。你简直受宠若惊。别人关注你的公司，甚至决定要买你的公司，这感觉真不错。你想了一阵子，跟他说："好，咱们开始吧！"

然后……你怎么卖掉那半个公司呢？很简单。公司是你一个人的，你有 100 股。如果你想卖掉半个公司，那就卖给买家一半的股份（在这是 50 股）；如果你想卖掉 25% 的公司，你就卖掉 25% 的股票（在这就是 25 股）；如果你想卖掉 10% 的公司，那就卖掉 10% 的股份（在这就是 10 股）。以此类推，只是数学运算而已。

在你算出来要卖给买家多少股份之后，你就得决定每一股收取买家多少钱。每股 100 美元？每股 1 000 美元？每股 1 000 000 美元？你得有个主意，给股票定价可不是件容易的事。

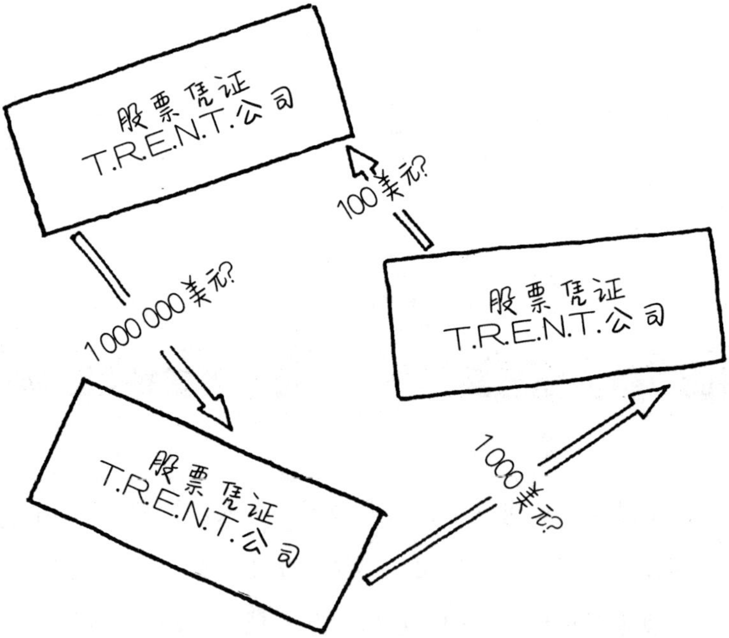

假设讨价还价之后，你和买家商量好了，为了买下半个公司，买家要买 50 股，每股 1 000 美元。因此，买家应该给你 50 000 美元（50 股 × 1000 美元/股 = 50 000 美元）。

交易完成后，你拥有的股票数从 100 股减少到了 50 股，你的新合伙人也拥有了 50 股。结果呢？你俩各自拥有半个公司。

希望买家是个好的合伙人，因为他现在拥有跟你一样的股份，如果你俩以后意见不合，那可就有大麻烦了。谁都不能拍板（因为股份数相同），遇事只能商量。如果没办法统一意见，那就只能打官司了。对于一家公司来说，打官司可不是一件好事。

千万不要跟你不信任、不敬重的人合伙，那只会带来麻烦。

股票凭证

在你买了一家公司的股票之后，就会收到一份凭证，表明你确实是公司的所有者。股票凭证如下页图所示。

投资者经常买入不同公司的股票，但是没有人像以前一样收到

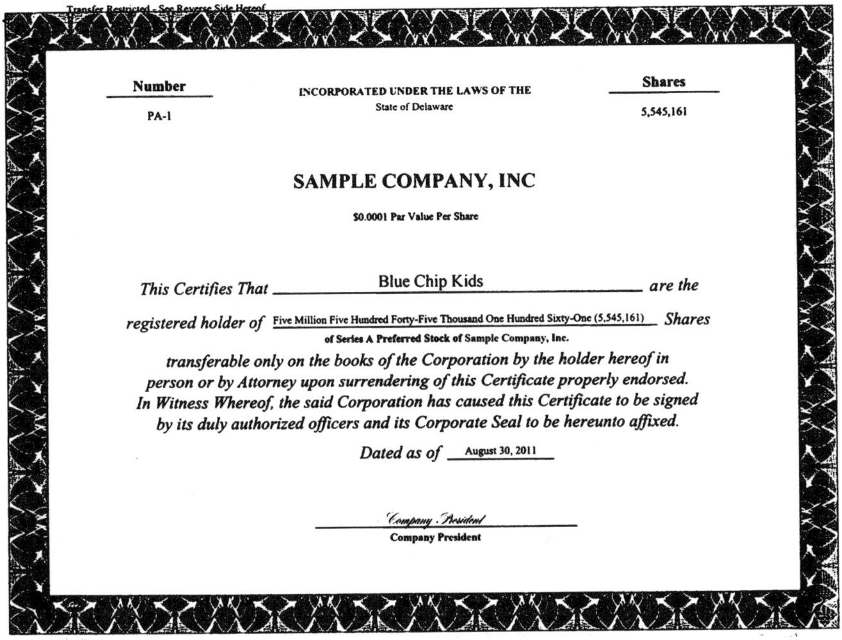
Transfer Restricted - See Reverse Side Hereof

Number
PA-1

INCORPORATED UNDER THE LAWS OF THE
State of Delaware

Shares
5,545,161

SAMPLE COMPANY, INC

$0.0001 Par Value Per Share

This Certifies That Blue Chip Kids *are the registered holder of* Five Million Five Hundred Forty-Five Thousand One Hundred Sixty-One (5,545,161) *Shares*
of Series A Preferred Stock of Sample Company, Inc.
transferable only on the books of the Corporation by the holder hereof in person or by Attorney upon surrendering of this Certificate properly endorsed. In Witness Whereof, the said Corporation has caused this Certificate to be signed by its duly authorized officers and its Corporate Seal to be hereunto affixed.

Dated as of August 30, 2011

Company President
Company President

实际凭证了。为什么呢？如果没有凭证，他们怎么知道自己真的拥有了股权呢？

现在的投资者在买入股票之后只是会收到亿创理财（Etrade. com）系统发来的在线账户确认信，或者是他们的经纪商发来的确认邮件。这没问题吧？如果没有收到实际凭证的话，你是不是应该担心可能并没有实际拥有这些股票呢？答案是：没必要担心。现在就是这样的。几乎没人会拿到实际凭证了，所有的操作都是电子化的。这就是新常态。

市值

好了，你已经卖掉了半个公司，那么 T. R. E. N. T 公司的价值是多少呢？有一个办法可以知道答案：

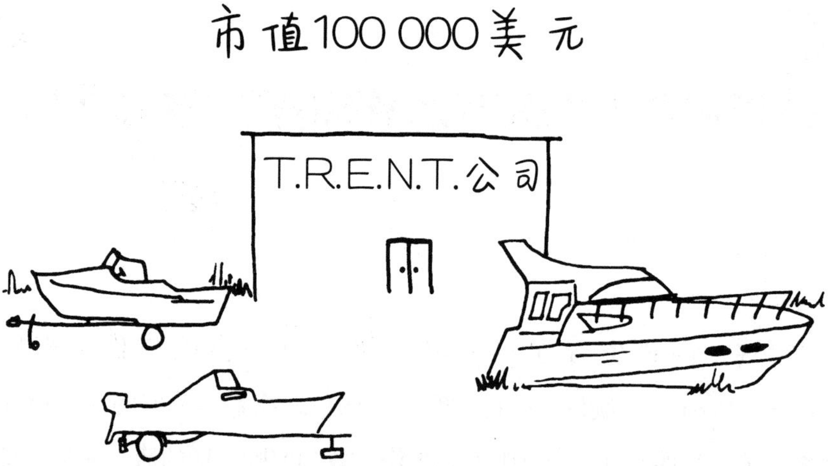

买家买了 50 股，每股 1 000 美元，因此为了买半个公司，他花了 50 000 美元。半个公司是 50 000 美元的话，那么整个公司就是两倍的那么多，也就是 100 000 美元（50 000 美元 ×2 = 100 000 美元）。

股东持有的股票的总价值就是**市值**。在这个例子里，T. R. E. N. T公司的总市值就是100 000美元，是用公司的股票数（100股）乘以每股价值（10 000美元/股）得到的。

100股×1 000美元/股=100 000美元市值

你的船舶公司市值是100 000美元，对于一个高中生来说相当不错。

买价、卖价、价差

买家愿意为你的股票支付的价格就是**买价**。如果买家说："我想买50股，每股付给你700美元。"每股700美元就是他出的买价。也就是说，他**出价**每股700美元来买你的50股。

如果你觉得这个价钱太低了，你希望是1 200美元一股，这1 200美元就叫作**卖价**。你要求的卖价是每股1 200美元。

买价与卖价之间的差就是**价差**。在这个例子中，价差是：

1 200美元	**买价**
− 700美元	**卖价**
500美元	**价差**

你每天都能看到股票公开的买价和卖价。

这其中的基本经济学原理非常简单：买家在购买东西时，希望可以支付最低的价钱；卖家在卖东西时，希望可以得到最高的价钱。这个原理在买卖股票和买卖其他东西时都是同样适用的。

自由市场

决定了所有东西的价格。

自由市场和估值

我们怎样才能知道世界上任意一样东西的价值呢？我们怎么就知道宝马汽车值100 000美元，1加仑［1加仑（美）=3.785 412升］牛奶值4美元，1盎司（1盎司=28.349 5克）黄金值1 350美元，1股股票值241美元或者100美元或者10美元或者其他价格呢？为什么1股苹果公司的股票今天值550美元而明天值600美元呢？在某一个时点，是谁决定了股票的价格呢？

没有哪个法律规定了估值应该是多少，美国总统也不会制定价格。那是谁定的呢？

在经济环境中，任何一项资产的价格都是由**自由市场**决定的。自由市场的意思是，两个正常的买家和卖家总会达成一个价格，买家愿意买，卖家愿意卖。

我卖给你一块手表，我想要100美元，你只想付50美元，我们商量之后，决定以75美元成交。你看，自由市场就是这样决定了一块手表的价格。

这和股票市场是一模一样的，买家和卖家坐在一起，商量价格，最后成交。易趣网（eBay）上也是这样，每天易趣网上卖出的

所有东西的价格都是由自由市场决定的。

大家都追捧特斯拉的时候，特斯拉的股价就会飙升，因为需求很大，供给却是固定的。股票数没有变，却有越来越多的人愿意支付更高的价钱买。相反地，如果所有人都觉得通用汽车由于产品质量问题遇上了大麻烦，他们就会想要赶紧卖掉手里的股票，这时股价就会下跌。因为为了脱手，大家宁愿少拿回点钱，很简单。

买卖股票的时间

纽交所每天早上 9 点开盘，下午 4 点收盘。开市期间，你可以在任何时间买卖股票。纳斯达克的开市时间也是一样的，盘后交易也是可以的，但那就是另外的话题了。

股票指数

你知道，纽交所每天有 2 308 只股票挂牌交易，纳斯达克有 2 700只。纽交所是一个交易市场，人们每天在这里买卖股票。纳斯达克也是一个交易市场。这两个完全不同的股票市场挂牌的股票是完全不一样的。

接下来我们讲讲，投资者如何判断这些股市运作得怎么样。昨天纽交所是涨了还是跌了？纳斯达克也一样，昨天它是涨了还是跌了？

交易所挂牌的股票有好几千只，投资者怎么才能知道整个市场行情如何呢？有一些股票表现不错，也有些不怎么样。所以，如果有人问：昨天股票市场怎么样？答案是：要看情况。他们问的是哪个股票市场？我们应该怎么回答这个问题？

美国人问起股票市场行情时，多数指的是纽交所，因为纽交所是美国历史最悠久的交易所，挂牌交易的都是大公司。但是，在回答这个问题的时候，你还是得问清楚，他说的是纽交所还是纳斯达克，或者别的交易所。

接下来我们再看如何判断市场行情，因为有的股票涨了，有的股票跌了。首先我们假设讨论的是纽交所。

有一个方法是，选取一小部分在纽交所上市的股票，把它们组成一个**指数**，这样你就能看到这些股票（或者说这个指数）表现如何了。纽交所的股票指数昨天涨了还是跌了？

股票指数是真实存在的，炒股的人每天都会仔细研究股票指数。纽交所的**道琼斯工业平均指数（Dow Jones Industrial Average）**就是最有名的一个指数。它经常被称为**道指**或者**道指 30**，它是从纽交所挂牌的 2 308 只股票中选出 30 只股票组成的指数。纳斯达克 100（NASDAQ 100）指数就是从纳斯达克挂牌的 2 700 只股票中挑出来 100 只股票组成的指数。

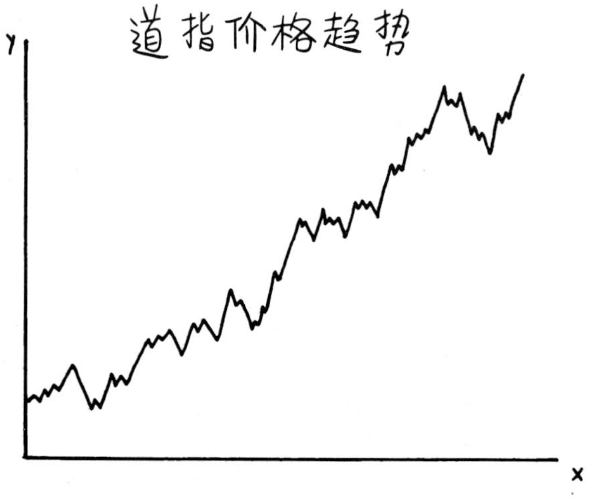

组成道指的 30 只股票分别是[1]：

① 道琼斯工业平均指数的成分股偶尔会因为市场环境而改变，它们是由《华尔街日报》（*The Wall Street Journal*）的编辑选择决定的。——译者注

1. 3M（MMM）

2. 美国运通公司（AXP）

3. 美国电话电报公司（T）

4. 波音公司（BA）

5. 卡特彼勒公司（CAT）

6. 雪佛龙（Chevron，CVX）

7. 思科（Cisco，CSCO）

8. 可口可乐公司（CoCa-Cola Company，KO）

9. 杜邦公司（DuPont，DD）

10. 埃克森美孚公司（ExxonMobil，XOM）

11. 通用电气公司（GE）

12. 高盛集团（Goldman Sachs，GS）

13. 家得宝（Home Depot，HD）

14. 英特尔（Intel，INTC）

15. 国际商用机器公司（International Business Machines，IBM）

16. 强生（Johnson & Johnson，JNJ）

17. 摩根大通公司（JP Morgan Chase，JPM）

18. 麦当劳（McDonald's，MCD）

19. 默克（Merck & Company Inc，MRK）

20. 微软（MSFT）

21. 耐克（Nike，NIKE）

22. 辉瑞制药（Pfizer，PFE）

23. 宝洁公司（Procter and Gamble，PG）

24. 旅行者集团（Travelers Insurance，TRV）

25. 联合技术公司（United Technologies，UTX）

26. 联合健康集团（United Health Group，UNH）

27. 威瑞森（Verizon Comunications Corp，VZ）

28. 维萨（V）

29. 沃尔玛（Walmart，WMT）

30. 沃尔特迪斯尼公司（Walt Disney Co.，DIS）

除了道指和纳斯达克100指数，还有很多著名的指数，比如**罗素2 000**（Russell 2 000）指数，不像道指的成分股是30只，这个指数的成分股是2 000只。罗素指数主要是由小公司构成的，道指主要是由大公司构成的。

还有**标准普尔500（Standard & Poor's 500）指数**，包含500只股票，因此比道指更大、更具代表性，但是没有罗素2 000指数那么大。

投资者会很认真地研究股指的变化，在晚间新闻里，你可以看到这些股指当天的表现。

首次公开募股

IPO（Initial Public Offering）就是**首次公开募股**，意思是某

个公司首次向社会公众出售自己的股票。

假设你在你的车库里创办了一家企业，专门制造和销售苹果手机的夜光手机壳。你卖掉了很多手机壳，为了让生意持续运转，你花了毕生的积蓄，但还需要更多的钱，以便搬到真正的工厂去，并雇几个帮手。筹集资金的一个方法就是公开出售你的股票，当你第一次这么做的时候就被称为首次公开募股，或者 IPO。

每年都有许多知名公司通过 IPO 上市。最近上市的公司包括 GoPro、脸书、推特、特斯拉等。

公司上市通常有两个原因：

1. 公司通过把股份卖给社会大众（比如你和我），可以筹集到资金，用于企业扩张、增强赢利能力（希望如此）。它能用这笔钱购买新的设备、建造新的厂房、雇用更多的员工、加强营销、增加销量、收购其他公司等。如果这笔钱运用得好，那么 IPO 就是有益的。公司需要钱才能成长，IPO 就是一种筹集钱的方法。
2. 公司的创始人、早期的投资者，还有雇员能够以此赚钱。在公司成立早期，股票都在私人手里，没有流动性。换句话说，把股票变成现金非常困难，因为没有买卖股票的市场。

通过 IPO 成为上市公司之后，个人手里的股票就有了**流动性**，股东就可以在任意时间卖出部分或者全部的股票了。在多年的辛苦工作之后，那些伴随公司成长的人终于可以借此获得回报了。很多人都在公司 IPO 的时候赚了大钱。

在 IPO 之前，公司会举办多次大型的公共关系活动，以吸引大众对公司和即将进行的股票销售的关注。公司的首席执行官（CEO）会在类似彭博网或者 CNBC 这类新闻节目中出现，还会接受《华尔街日报》《财经周刊》（*Business Week*）和其他财经出版物的专访。这经常能引起大众对股票的追捧。投资者们听到了公司的故事，喜欢 CEO 的讲话，然后就会在亿创理财或者其他地方购买股票。

当交易的第一天股票价格蹿升的时候，公司的职员们都会按捺

不住内心的激动。随着股票价格一点点上升，他们变得越来越有钱，他们整天坐在一起算着自己不断增长的**净值**。

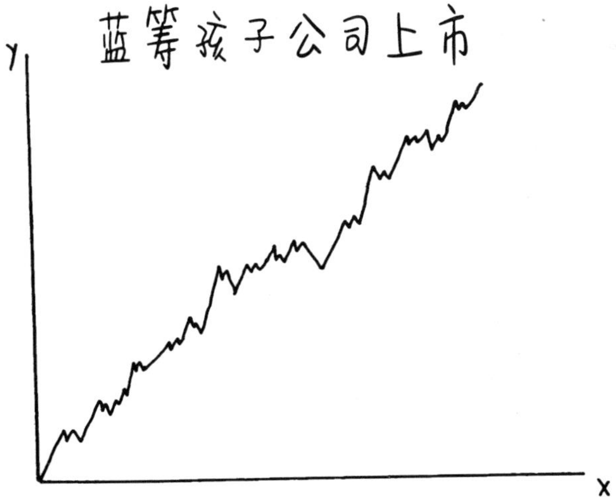

“我们看看啊，我有 100 000 股公司的股票，今天早上我们以每股 40 美元的价格进行公开发售，短短 5 分钟，所有的股票都卖完了。早上 9：40 时，我拥有的净值是 400 万美元！简直太棒了！现在是午饭时间了，股票的价格是每股 60 美元，3 个小时竟然涨了 20 美元，我的净值已经是 600 万美元了！简直不敢相信！3 个小时就赚了 200 万美元！我爱公司！我爱 IPO！”但是，这能持续吗？股价能一直上涨吗？这是不是热过头了呢？这个华尔街的“宠儿”会不会以与上涨时同样的速度俯冲回地面呢？

而这正是在脸书身上发生的事。脸书是有史以来最热门、最吸引人的 IPO。它的 IPO 之后的首个交易日是 2012 年 5 月 18 日，投资者们为了买到股票挤破了头。公司制定的公开发售价格是每股 38 美元，短短几个小时，股价就冲到了每股 45 美元，增长了 18%。然而，接下来，泡沫破裂了。IPO 的定价太高，很多投资者开始质疑公司的估值。

作为一家还没有盈利的公司，脸书的**估值**，或者说市值，按照上市首日的价格计算，已经达到了 1 200 亿美元，这简直不可思议。但是，那些花了 45 美元买股票的人开始卖出股票，紧接着花了 44、43、42、41 美元买入股票的人都开始卖出，甚至花了 38 美元买入股票

的人都开始卖了。投资者们焦躁不安，挤向出口，他们要甩开脸书。

几周的时间里，脸书的股价就跌到了27美元，那些在IPO时抢着以38美元买入股票的投资者非常不开心。喜悦感消失殆尽，他们眼睁睁地看着自己的钱蒸发了，至少是在账面上。虽然脸书后来股价回升，业绩不俗，但你永远不会知道未来如何。IPO之后的事情很难预料。

证券交易委员会

证券交易委员会通常被称为**SEC**，英文全称是Securities and Exchange Commission。它是美国的一个政府部门，建立于1934年，主要职责是建立健全股票交易、上市公司运作及相关事项的规章制度。它要保护投资者的利益，防止某些公司和经纪商误导人们买它们的股票。

SEC有权对违反证券法的行为进行调查，而它也一直都在履行这项职责。它可以调阅公司的资料，可以对违反证券法的公司或者个人提起民事诉讼，它和美国联邦调查局（FBI）、司法部及其他执法机构一起，协助对罪犯的刑事调查。从某种意义上讲，SEC是华尔街的警察。

市场调整

市场调整指的是大量抛售或者市场萧条，市场通常比高点下跌了超过 10%。如果道指之前是 16 000 点，现在是 14 500 点，分析人士会说，“现在是市场调整”。

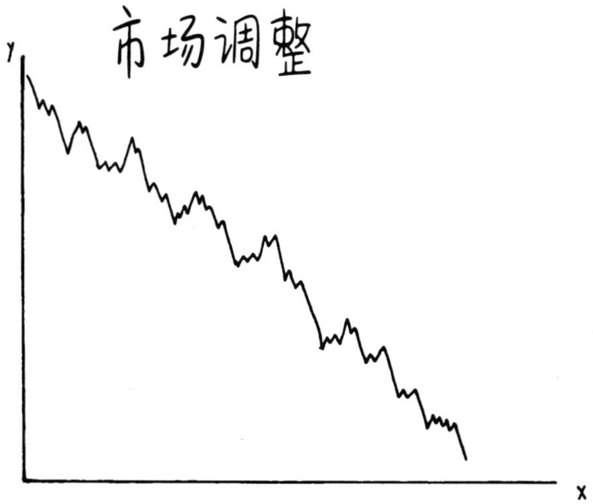

如果股市红火，一直居高不下，华尔街人士就会说，“到了市场调整的时候了”。你在收听财经新闻的时候也会听到这个词。

股市上扬

股市上扬与市场调整正相反，**上扬**的意思就是股价攀升。

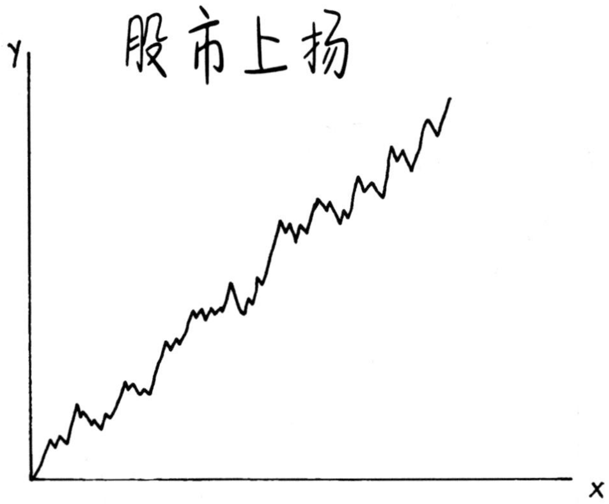

你经常会听到别人说，“今天股市上扬，市场上涨了 60 个点”。如果你持有股票，那么市场上涨得越多越好。

第四章　一起来炒股吧

股市中的信息纷繁复杂，人们很难找到焦点。为了搞清楚股市的运行原理，你应该对下面这些术语有个了解。

逢低买入

当你听到其他人讨论股市的时候，经常会听到这个词。**逢低买入**的意思是，你要等待合适的时机，直到股价下跌，你能用比现在少的钱买到这只股票。

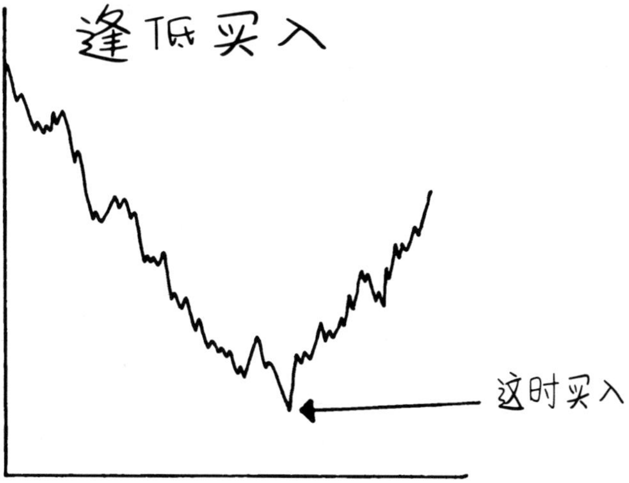

假设你面临这样一个选择，要么现在花400美元买一辆新的自行车，要么等到打折的时候花300美元买。如果你等到了打折，花300美元就买到了，那么你就是逢低买入。

股票也是一样。很多投资者不会立即买入股票，而是等到**市场回调**的时候逢低买入。

牛和熊

如果你看看美林（美国最大的财富管理机构）的标识，你会发现一头牛正在瞪着你。到网上查查“美林”，你就会看到我说的那个图案。为什么是头牛呢？那意味着什么？

在金融领域里，牛意味着强有力、锐不可当和价值增长。如果股市在很长一段时间内一直在上涨，人们会说：“现在是**牛市**。”如果一个人认为股市在未来几个月会持续上涨，他会说：“我看涨股市。”

牛市的对立面就是**熊市**。如果股市在很长一段时间内一直下跌，人们会说：“现在是熊市。”如果他预测今年接下来还会持续下跌，他会说：“我看跌，在事情有转机之前还会继续下跌。”

牛和熊是华尔街的通用术语，用来表示未来股市或者经济的不同走向。

账面盈利和账面亏损

如果你以每股 525 美元买入了苹果公司的股票，股价下跌到 400 美元时，你是否每股损失了 125 美元呢？如果你以 525 美元买入，当股价上涨到每股 650 美元时，你是否每股赚了 125 美元呢？

这两个问题的答案都是“没有”。你买入股票之后，股价会涨涨跌跌，但直到你把股票卖出之前，都不算是赚钱或者亏钱，卖出时才会产生盈利或者亏损。在那之前，股价每天都在变化，你只是有**账面盈利**或者**账面亏损**，仅此而已。顺便提一句，随着股票价格的变化，你拥有的净值也在不断变化，不过这就是另一个问题了。

追逐风险和规避风险

如果投资者不投资安全的现金或者债券，而是买入了更高回报的股票，这个行为就是一种**追逐风险**的交易。也就是说，投资者愿意持有风险更高、波动性更大的股票，进行高风险投资，因为他们很有信心，认为股市会上涨。

相反的行为就是**规避风险**。如果投资者卖出了股票或者基金，换成了低风险的现金或者债券，这就是在规避风险。这些投资者对于股市和经济走势没什么信心，他们认为短期之内股价不太可能上涨。因此，他们会卖掉股票，转而持有本金比较有保障的低风险投资产品。

最彻底的风险规避行为就是卖掉股票，只持有现金，其收益率不到1%。这些投资者最关心的就是让资产不受损失，而不太在意收益如何，他们只是要保本。

股票走势图

从事资产管理行业的人，每个星期要花很多时间研究股票的历史价格走势图，还有一些其他指标，来确定当前股价的合理性。这些人被称为**分析师**。

比方说，分析师会分析苹果公司过去 5 ~ 10 年的股价，研究过去的历史走势是否可能重现。

如果分析师发现，每当苹果股票的价格低于过去 52 周的移动平均价格时就会上涨，而当前恰好低于过去 52 周的移动平均价格，那么他会认为股价即将上涨，他会买入股票。

对于卖方也是一样。如果分析师认为每当苹果的股价达到 52 周价格的高点时就会下跌 5%，他会在股价下跌前卖出股票。

使用股票走势图分析股价未来的走势有很多种方法，有的时候，股价和其他奇怪的巧合之间看似会有密切的联系。

我在大学上经济学课程的时候，教授拿出一幅图，显示道指的历史走势。他又拿出另一幅图，看起来和第一幅图很相似。道指上涨的时候，另一幅图的走势也在上涨；道指下跌的时候，另一幅图的走势也下跌。非常明显，几乎一模一样。

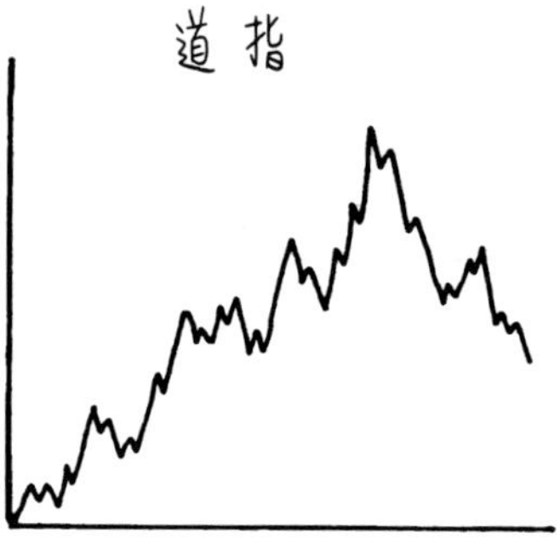

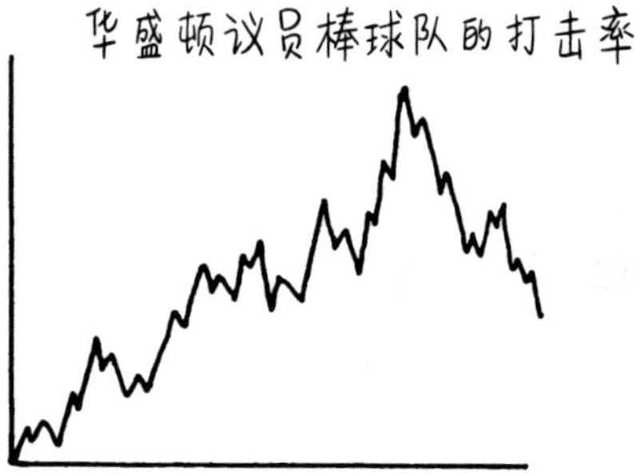

教授没有告诉我们另一幅图是什么，我们猜了将近一个小时，教授才公布答案：华盛顿议员棒球队的打击率。没骗你！

华盛顿议员棒球队现在已经没有了，但是道指和华盛顿议员棒球队的打击率一致的趋势确实是个奇怪的巧合。如果你是位分析师，你可能会认为，如果能知道未来几天球队的打击率，也许就能预测股市将如何发展。

没有人会把这种巧合当真，但是有人会声称“图就是这么告诉我们的”（分析师很爱这么说）。不要轻易相信！棒球队的打击率不太可能是股市未来走势的指标。

图表包含了历史数据，因此很有用处。但是当你试图用它们预测股价时，不能掉以轻心，一定要认真分析。

市场顶部

回头再看一下股票走势图（比如说道指的走势），你会看到上涨和下跌，会看到波峰和波谷，以及在低点附近的持续低迷。

市场顶部就是股票走势图里股价的最高点，就像下图里这样。

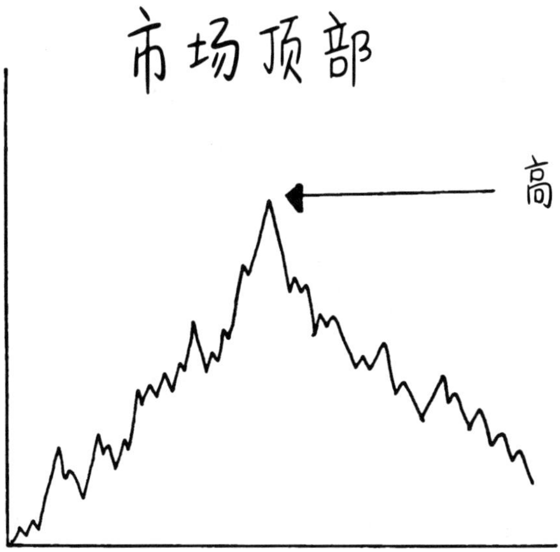

市场底部

市场底部与市场顶部正相反。它是股票走势图中一段时间内股价的最低点。

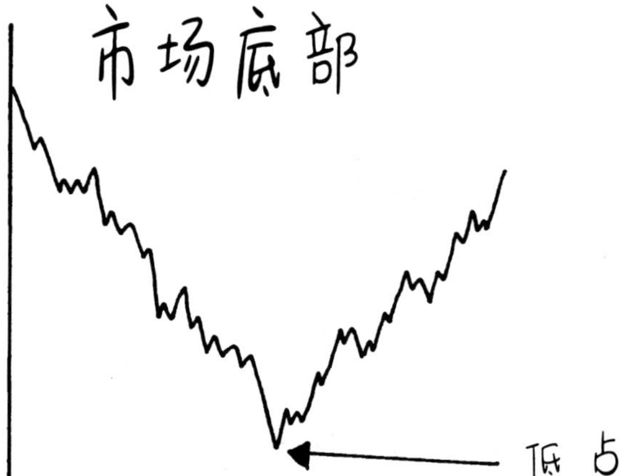

在理想情况下，投资者希望在市场底部买入股票，持有到市场顶部。但是未来会发生什么很难预测，人们常说，“市场时机没法把握”。你只需要做好自己的功课，在价格看起来比较合理的时候买入优质股票即可。

成交价格幅度

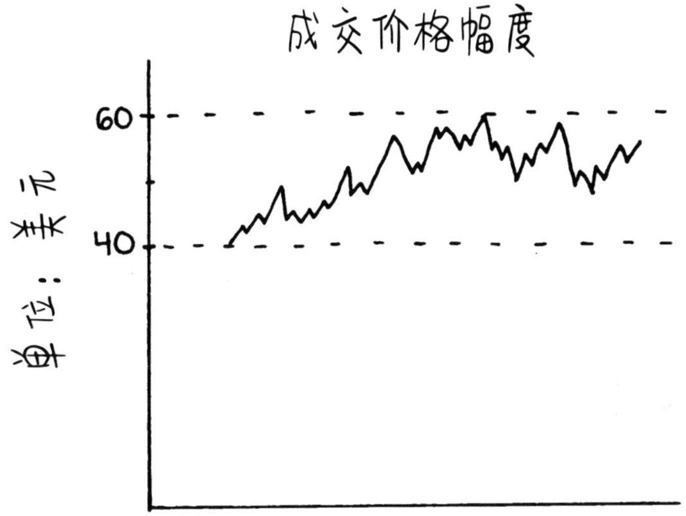

人们在讨论股票时还会用到一个常用术语。如果可口可乐去年的每股最低价格是 60 美元，最高是 80 美元，那么其**成交价格幅度**就是 60 美元 ~ 80 美元。如果可口可乐上个月的成交价格在每股 75 美元到 80 美元之间，那么它上个月的成交价格幅度就是 75 美元 ~ 80 美元。很简单，一点儿都不复杂。

做多股票

当你看财经节目的时候，会听到人们说“做多苹果”，或者“做多脸书”，或是“做多特斯拉”，等等。做多一只股票的意思就是持有它。如果你**做多**一只股票，那么就是说你持有这只股票。

做空股票

有时候投资者会做空股票，意思就是他们卖出了一只自己并不拥有的股票。

“什么?!”卖出一只自己没有的股票？这怎么可能呢？想象一下，你卖给别人不属于自己的自行车，或者卖出自己并不拥有的电子游戏。谁能做到？应该没人能做到。但是在股票的世界里，人们卖出不属于自己的股票很常见，这种行为就叫作**做空**。

做空股票的人从股票经纪公司**借入股票**，紧接着卖给其他人。卖出股票之后马上就能得到钱。简直太好了，不是吗？嗯……也许很好，也许没那么好。

在你借入股票做空之后，总有一天你得把借来的股票还回去。你在借入股票时签署的文件里约定了具体日期。

如果你把借来的股票卖掉了，怎么才能还给借你股票的人呢？你卖出的时候股票不就没了吗？答案是：是的，是没有了。因此，当你需要归还股票的时候，你得去股市上**买来相同数量的股票**，不论当时的股价如何。因此，这个投资策略充满了风险。如果你为买股票支出的钱比你做空时收到的钱多，你的交易就做亏了。

下面举个简单的例子来说明整个机制。假设苹果公司现在的股价是每股 500 美元，你认为公司未来的前景不太妙。在做了一番研究之后，你得出结论，苹果的股价在未来 6 个月会下跌，因此你决定**做空股票**。

你找到了股票经纪人，他同意借给你 1 000 股苹果的股票，你得在 6 个月内归还股票。你同意这个约定。然后这个经纪人给了你 1 000 股苹果，你以每股 500 美元卖掉了。马上，你的账户里就存入了卖出得到的 500 000 美元（1 000 股 × 每股 500 美元 = 500 000 美元）。

6 个月后到了归还股票的时候，你手头没有股票，因为你已经卖空了。你该怎么办呢？答案是：你要去股市上买 1 000 股，不管

股票经纪人

价格如何。

在我们的例子里，假设这时的股价是每股 600 美元，这就不妙了，因为你得用每股 600 美元的价格去买回 1 000 股。你以每股 500 美元卖出股票，又以每股 600 美元买回股票，这笔做空交易让你亏损了 100 000 美元。

让我们来看看，在刚才的例子中，如果 6 个月后股价跌到了每股 400 美元，而不是涨到每股 600 美元，这时情况又如何呢？记

股票经纪人

住，你借入了1 000股苹果，以500 000美元的总价卖出。如果6个月后，你以400 000美元（每股400美元，一共1 000股）买回股票，还给借给你股票的经纪人，那么通过这笔做空交易你就赚了100 000美元。那就是一笔不错的交易了。

如果你做空之后，股票价格下跌，那么你就会赚钱；如果价格上涨，你就会赔钱。这是一种赌博。你做空之后价格是上涨还是下跌呢？你永远也说不好。

股票经纪人

赚了100000美元！

高频交易

高频交易，最近备受人们关注。它存在已经很久了，但一直处于公共监管区域之外。

2014 年 3 月，迈克尔·刘易斯（Michael Lewis）出版了《快闪小子》（*Flash Boys*），他随后接受了 60 分钟的电视专访，这之后，一切都变了。刘易斯详细解释了高频交易是如何运作的，很多人对自己听到的内容感到不悦。

很多人将**高频交易员**视为票贩子，认为他们占了普通投资者的便宜，让普通投资者得比正常情况下花更多的钱才能买到股票。就连美国国会也参与进来，将对此举行听证会。为什么高频交易引起如此广泛的关注呢？

简而言之，高频交易员的办公室配备了市面上能买到的最强大的计算机、路由器和网络，使用全世界最快、最复杂的算法。比如说，当普通投资者打算以每股 525 美元买入苹果股票时，高频交易员会看到你的动向，并赶在你前面买入股票。然后你就不得不比预算多花几美分从他那里买苹果的股票。

当高频交易的成交量达到数十亿股时，积少成多，就能赚上一

大笔钱。高频交易员的收益就来自想用市价购买股票却不知道发生高频交易的普通投资者。

我们无从得知高频交易的前景如何。有可能美国证券交易委员会会禁止高频交易，也有可能至少会在一定程度上进行监管。继续保持关注。同时，你需要知道的是，如果它仍是人们争论的话题，那它就还将继续存在。

满仓

满仓的意思就是你把所有的钱都用于投资股票、债券及其他证券，没有剩余的钱可投资。这时候，你就是满仓的。

杠杆

杠杆就是利用你拥有的金钱、影响力、关系、知识等因素，来帮助你得到你想要的其他东西。比如说，如果你认识一些政府官员，也许有人会说你利用这层关系得到了土地的重新规划；如果你研究了多年医保的机制，然后成功创办了一家为医保患者提供医疗服务的公司，人们可能会说你利用你对医保制度的知识创建了你的公司。

不是所有的"杠杆"都是一样的。

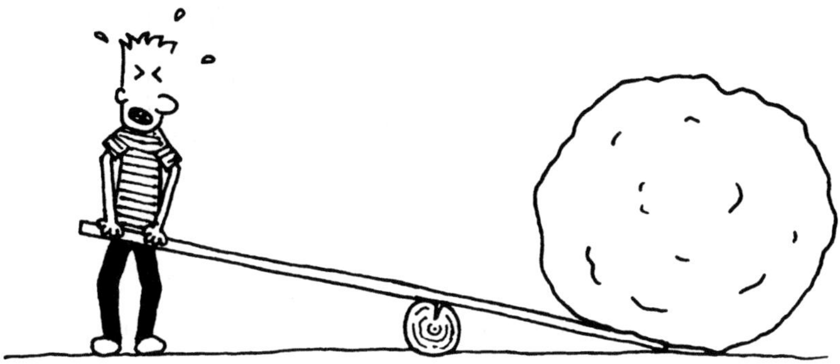

在金融领域，杠杆通常是指通过借钱来提高自己的投资收益。比如说，如果你能在一笔交易中获得双倍的回报，那么你借来的每一元钱也都能带来双倍的回报。通过借来的钱获得盈利，由此你就通过杠杆获得了更高的投资回报。

假设你能以每股 1 美元购入一家初创企业的股份，这家企业计划发行 1 000 万股，募集 1 000 万美元的资金。如果你有 200 万美元可投资，那么你就能买 200 万股或者说 20% 的公司股权。如果你有 300 万美元可投资，那么你就能买 300 万股或者说 30% 的公司股权。问题是，你没有 300 万美元，你只有 200 万美元。

下面我们来解释一下**杠杆的威力**，或者说如何用借来的钱创造更高的回报：

1. 你的可投资资金：200 万美元，用这 200 万你可以买 200 万股或者说 20% 的公司股权。

2. 为了增加投资额，你将借入 100 万美元。你希望使用杠杆获得更高的收益。
3. 加上杠杆后的投资资金：300 万美元（你自己的 200 万加上借来的 100 万），用这 300 万美元你可以买 300 万股或者说 30% 的公司股权。
4. 公司最终卖出了 3 000 万。
5. 你得到了 3 000 万的 30%，也就是 900 万美元。
6. 你归还了借来的 100 万美元，自己还剩下 800 万美元。你自己的 200 万美元最后变成了 800 万美元，也就是说你的资金变成了之前的 4 倍。你最初的 200 万美元获得了 4 倍的收益。

如果你没有借钱的话（没有加杠杆），只用自己的 200 万美元买了 20% 的公司股权，你将会得到 3 000 万美元的 20%，也就是 600 万美元。杠杆的存在让你最终的资金是 800 万美元而不是 600 万美元。你用借来的钱多赚了 200 万美元。但是要当心：如果投资失败的话，你就得自掏腰包还钱。

第五章　股票期权
（在朋友面前露一手）

别被它吓倒，这其实并不太难。你可以像买卖股票一样买卖股票期权。它们的价格会上涨，会下跌。学会了这章的内容，你就可以做你们班里最聪明的人。

期权、看涨期权和看跌期权

如你所知，你买入股票之后，它的价格会上升或者下跌。你却没法知道，它的表现到底会如何，不论你之前做了多少研究，不论你对自己的交易多么有信心。

为了保护自己，不要因为这笔买入交易遭受太大的损失，投资者可以采取的一个行动就是买入或者卖出**期权**。

期权每一天的成交量是很大的。就像股票一样，你可以随时通过家里的电脑追踪期权市场的动态。你可以在任何时候通过像彭博网或者亿创理财等网站查询期权的信息。

期权非常酷，如果你花上一点时间了解它的运作原理，那么就可以比全世界99.9%的同龄人更懂得如何保护自己的资产并获得盈利。那么我们就开始吧，来看看期权的世界。

期权是如何运作的

期权可能很复杂，但是它的原理并不复杂。期权大致分成两类：**看涨期权和看跌期权**。另外，每一种期权都是绑定一只股票的。

你可以买卖苹果、谷歌、可口可乐、麦当劳、迪士尼或者任何你能想得出的股票的期权，我说期权非常酷是因为：

- 如果你买了苹果的看跌期权，你就可以让卖给你期权的人以比公开市场上更高的价格买你的苹果股票。
- 如果你买了苹果的看涨期权，你可以让卖给你期权的人以比公开市场上更低的价格把他的苹果股票卖给你。

多酷啊！

拥有了期权，一切尽在掌握。想想看，只要你愿意，就可以卖出比市价更高的价钱！只要你愿意，就可以用比市价更低的价钱买入。在华尔街，这一幕每天都在上演。

期权到期：它们不是永久性的

在对期权进行更深入的讨论之前，你需要知道，期权不是永远有效的。和 1 加仑牛奶一样，期权也有**有效期**，过了那一天就不能再使用了。如果你不用就没有了。你买的期权有效期可能截至几天后、下周甚至几年以后，所有期权都有有效期。

看跌期权

我们先来了解一下看跌期权的原理。假设你有一辆自行车，保养得还不错，但是已经买了很多年，你想换辆新的，你会怎么做呢？一个办法是在易趣网上出售，卖给出价最高的人，这是个不错的办法。假如易趣网上的买家出的最高价格是100美元。你打算卖吗？

如果还有另外一个买家，你能让他出120美元吗？没错。你可以让他出比别人都高的价格买你的自行车。是笔好买卖，对吧？你可以让他出比市场上高20%的价格，比易趣网上最高的价钱还高20%。听起来棒极了，就这么做。

怎么才能让别人出更高的价钱呢？答案是：如果你买入了看跌期权，就可以办到了。也就是说，如果你去找乔·史密斯（Joe Smith），花10美元从他那儿买到了一张小纸条叫作看跌期权，这样你就有权在任何时候让乔花120美元买你的车。你拥有在任意时候让他买入的权利，因此这叫作看跌期权。

为什么乔会同意这么做呢？为什么他愿意付给你超出自行车价值的价格呢？答案是：因为在你从他那儿买入看跌期权的时候，他

向你收取了 10 美元。他想通过卖出看跌期权赚点钱，因此他愿意接受 10 美元，同意在你想出售自行车的时候以 120 美元买入。

乔希望你别再回来了。希望你不要让他花 120 美元买你的车。如果你提出要求了，他就得照办。但是他希望在拿到了 10 美元之后再也不会见到你。乔知道有这个风险，但是他决心承担这个风险，以得到那 10 美元。

当时，乔觉得这对于你们两个人来说都是一笔不错的交易。他通过卖给你看跌期权赚了 10 美元，而你则买了个心安，知道自己可以在任何时候让乔花 120 美元买你的自行车。你们都觉得这是双赢。

多了解一点看跌期权

让我们继续看看这笔自行车的交易。你让乔买你的自行车，因为你付给他 10 美元买了看跌期权，这时你就是在行使期权。换句话说，你使用你买的期权使得乔花 120 美元从你这买走了自行车。乔为了买自行车所支付的 120 美元就被称为**行权价格**或者**履约价格**。

那么乔为了自行车到底花了多少钱呢？120 美元？不对。记住，你从他那儿买入看跌期权的时候付给了他 10 美元，所以乔的实际支出是用他付给你的 120 美元减去他从你这儿收到的 10 美元，他的实际成本是 110 美元。

乔买自行车的成本：

乔买车花的 120 美元
－ 乔卖期权得到的 10 美元

乔买车的实际成本 110 美元

最后，乔为了一辆价值 100 美元的自行车花了 110 美元。这么看起来，为了 10 美元卖给你看跌期权并不是一笔好交易。你永远不会愿意让自己支付的钱超过物品的价值，而这恰恰发生在乔的身上，因为你行使了你的看跌期权。

而对你来说，花 10 美元买入看跌期权就是一笔好交易。买了这个期权，你就可以卖出比市场上更高的价格了。

你卖自行车到底得到了多少钱呢？很简单，用你从乔那儿收到的 120 美元减去你买入看跌期权花的 10 美元。

你卖出自行车得到的钱：

	你把自行车卖给乔得到的 120 美元
−	你买期权付给乔的 10 美元
	你卖出自行车的净收益 110 美元

通过买入看跌期权，最后你比市场上卖出能得到的 100 美元多得了 10 美元。在这个例子里，买入看跌期权收益不错，你赚到了更多钱。但情况不总是这样，有时候期权没有被行使，直到过期。

水下看跌期权（什么东西？！）

如果在你准备卖出自行车的时候，忽然发现自行车是珍藏版，它并不像你之前想的值 100 美元，而是值 150 美元，这时候你该怎么办？你会让乔花 120 美元买你的车吗？不太可能。如果能在易趣网上卖出 150 美元，谁会只卖 120 美元呢？没人会这么做。

那你几个月以前花了 10 美元买的看跌期权怎么办？如果不使用的话会发生什么？答案是：如果一个期权，让你以比自行车的价值更低的价格卖出，你就不会行使期权。你会让期权在到期日的时候作废。要么用掉，要么丢掉。如果在到期日的时候还没有使用的话，这个期权就不再有任何价值了。

让你以比当前价格更低的价格卖出股票的期权（看跌期权），或者让你以比当前价格更高的价钱买入股票的期权，都不会被使用，这样的期权被称为**水下期权**，一文不值。没错，就是零。

如果看跌期权让你以 120 美元把自行车卖给乔，而这辆自行车值 150 美元，你就不会行使期权。没有被行使的期权就会过期，到时候就没有任何价值了。你花钱买了期权，但是你没有行使期权，这就是买卖期权时存在的风险。

你可能会买期权，永远都不会行使。

但猜猜看怎么着？你并没有损失，因为你可以在易趣网上卖到150美元，比你之前想象的要高得多。即便扣除你买了又没用的期权所花掉的10美元，你还是赚到了140美元。

你卖自行车的净收入：

	在易趣网上卖车得到的钱 150 美元
−	你没使用的期权的成本 10 美元
	你卖自行车的净收入 140 美元

140美元的收入相当不错。很接近限量珍藏版自行车的价值150美元，看跌期权也让你买了心安，让你知道任何时候都可以让乔花120美元买你的自行车，120美元是你的保底收入。买了这个看跌期权，在卖出自行车时，你最差也能得到120美元，这就是买看跌期权的好处。

看涨期权

我们把故事反过来看看。假设自行车不是你的，是乔的。假设你很喜欢这辆自行车，想买下来，但是你没有钱。为了挣钱，你得多修剪几块草坪，多洗几辆车。

“CALLS”并不是电话！①

在你努力挣钱的时候，你很担心乔把自行车卖给别人。那么，你该怎么办呢？有一个办法是从乔那里买入一个**看涨期权**。你付给乔一些钱，就有权从乔那里买走这辆车，也就是说有权让乔按照你们之前在期权协议里约定好的价格卖给你自行车。如果到了到期日，你还没有从他那儿买车，你就失去了这个权利，看涨期权就过期了。

假设你和乔约定，如果你能挣到钱，乔就把他那辆自行车以 125 美元卖给你。为了确保你能用这个价格买到车，你花了 15 美元从乔那儿买了看涨期权。你花 15 美元买看涨期权是为了以后有权

① 看涨期权的英文“call”也有打电话的意思。——译者注

买入一辆自行车的看涨期权。

用 125 美元买乔的自行车。你买下期权，乔马上就得到了 15 美元，而你也买了心安，只要自己暑假打工挣到了 125 美元，这时候只要想买，自行车就是你的了（如果你想行使看涨期权的话）。

买了看涨期权 1 个月之后，你终于挣到了 125 美元。你找到乔，要求行使期权。你给他 125 美元，他给你自行车。你成功地从他那儿买到了车。

为了买自行车你一共花了多少钱呢？125 美元？答案是：不对。你花的钱包括 125 美元再加上买入看涨期权的 15 美元。因此，自行车的总成本是 125 美元 + 15 美元 = 140 美元。

买入自行车的总成本：

	买期权的钱 15 美元
+	买自行车的钱 125 美元
	买自行车的总成本 140 美元

这样看起来，买入看涨期权是一个好主意吗？在 15 美元之外再花 125 美元行使期权是个好主意吗？答案是：看你究竟多想买这辆自行车，你是否能从其他人那儿以更便宜的价格买到同样的车。如果你真的很喜欢这辆自行车，而且别人的卖价都不低于 140 美元，那么行使期权就是个好主意。

多了解一点看涨期权

当你觉得你感兴趣的那只股票的价格会上涨时，你就会买入看涨期权，你想要确保以看涨期权的价格买入这只股票，不能比这高。看涨期权的价格也被称为**行权价格**或者**履约价格**。

我们举个真实的例子。在我写这本书的时候，苹果公司的股票价格是每股 570 美元。你打算买入，但是眼下你还需要买些别的东西。你有点担心，因为苹果即将推出热门的新产品，苹果的股价可能会大幅上涨。如果那样的话，你就买不起了。那么你该怎么办呢？你怎样才能确保以自己能够承受的价格买到苹果的股票，即便苹果的股价已经超过了你能承受价格的上限？买入看涨期权可能是个办法。

买入苹果股票的看涨期权

如果你能用25美元从你的朋友乔那儿买入一个看涨期权，让你在90天里的任意一天可以用每股570美元从他那儿买入苹果股票，你会这么做吗？如果你觉得苹果的股价会涨到每股600美元或者625美元甚至650美元，你可能会这么做。

如果你买期权花了25美元，然后以每股570美元行使了期权，你的总价格是多少呢？很简单：

期权价格 25 美元
\+　苹果股票的行权价格 570 美元

股票的总价格 595 美元

所以，如果你觉得苹果的股价会超过每股 600 美元甚至更高，那么花 25 美元买入看涨期权就是个明智的选择。

水下看涨期权

和看跌期权一样，看涨期权也可能是水下期权。换句话说，它们可能一文不值。在买入苹果股票这个例子中，如果你花了 25 美元买入看涨期权，让你有权从乔那儿花每股 570 美元买入苹果的股票，但当苹果的股价跌到了每股 500 美元时，你肯定不会行使期权了，对吧？当然。如果你能在公开市场上花每股 500 美元就买到苹果的股票，怎么可能花上每股 570 美元去乔那儿买呢？

这种情况下，你花 25 美元买的这个看涨期权就是水下期权，或者说是没有价值的期权。你只能看着它在到期日的时候到期，然后就没有了。你买看涨期权是为了保护自己不要花更多的钱买入股票，你放弃它是因为它不再有价值。

裸期权（天哪，你说什么都没穿？！）

如果乔卖给你 25 美元的看涨期权，让你可以用 100 美元从他那儿买自行车，但是当你买期权的时候他并没有自行车，会发生什么事呢？在这种情况下，乔卖给你的就是**裸期权**。

当乔卖给你裸期权之后，如果你行使了期权，乔就得去找你想买的那辆自行车，不管花多少钱都得买下来。作为看涨期权的卖方，他有法定义务信守承诺。不管花多少钱，他必须找到这辆自行车，买下它，然后以 100 美元卖给你。

这是个很好的例子，说明了卖出裸期权的危险性。期权所对应的股票价格可能涨到非常高，最后你可能要花大价钱买这只股票，按照约定的价格卖给买家。卖出裸期权的时候一定要非常小心。

期权交易

很多人买卖期权，并不打算最终行使期权。他们只是想靠一买一卖赚些钱。投资者们经常交易（买卖）期权。

比如说，你花了 25 美元买入苹果的看跌期权，你可以随时上网查看期权的价格走势。当价格上涨时，你可以卖掉它赚钱，如果你打算在行权日之前继续做多股票的话。

期权价格不停变化，期权交易也是一种很重要的交易。

芝加哥期权交易所是世界上最大的期权交易所。你可以在那里买卖 2 000 多家公司的期权。你可以在网站 www. cboe. com 上了解这个交易所的更多情况。

第六章　基金
（巨大的资金池）

如果你没有时间研究个股，那么你可以投资由投资专家管理的共同基金，你的资金和很多其他投资者的资金一起被用于投资。你唯一需要做的就是挑一只好基金。

什么是基金

基金就是把很多人的资金汇集到一起，用于投资股票或者其他证券。

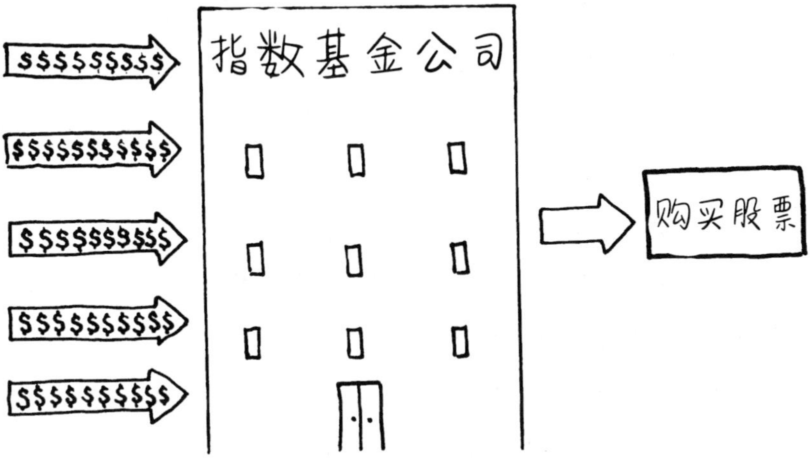

市场上有各种各样的基金，投资你能想出的任何一个市场板块：高收益债券基金、价值型基金、小型股基金、中型股基金、大

型股基金、能源基金、房地产基金、技术产业基金、生物科技基金，还有好多好多。你不需要自己去买这些基金里包含的所有股票，只需要买你挑选好的基金，然后基金经理会用基金资产去购买股票。

指数基金

有些投资者相信，在股市里赚钱最好的办法就是仔细研究个股，买入成长潜力最好的股票。也有投资者认为，想挑选出赚钱的个股很难，买入指数基金才是更好的选择。什么是指数基金呢？

指数基金汇集了很多投资者的资金，投资某一个市场指数的成分股。指数基金的基金经理会为你进行投资。你负责买基金，基金经理负责买你看好的指数里的成分股。很简单。

比如说，你打算投资道指，你会怎么做呢？答案是：你得去买齐这个指数里所有的 30 只成分股。如果你打算投资标准普尔 500 指数，你也得买齐 500 只成分股。如果你有足够的钱，甚至可以投资罗素 2 000 指数。

有了指数基金，你就可以投资这些非常有名的指数，同时还不需要自己花很多时间一只一只挑，一只一只买。

想想看如果你自己买齐罗素 2 000 指数里的 2 000 只股票会多困难。光是把这些成分股找出来就是个非常耗时的事了。投资标普指数也是一样。在你投资这些股票之前，光是这 500 只股票的名字就够研究的了。

指数基金省去了你挑选和购买股票的麻烦。基金经理会研究并买入股票，你只需要买入指数基金。这是个简单方便的办法。

> 指数基金会复制它追踪的指数中的股票。

指数基金跟你买入的其他股票一样，价格会上涨会下跌。如果今天道指上涨了，那么你投资的道指基金的价值也会上涨。如果道指今天下跌了，你投资的道指基金的价值也会下跌。懂了吗？

指数基金会追踪指数，这是关键所在。指数基金必须精确地反映它所追踪的指数的变化。

共同基金

共同基金是股市里的常见投资工具，它和指数基金很像。美国有超过 1.5 万只共同基金。

我们知道，当你买入指数基金的时候，基金经理会按照指数的成分构成买入对应的股票。

对于共同基金，你需要做的事跟指数基金一样，但是共同基金的基金经理就不像指数基金的基金经理那样只能买特定的股票了，他们有很大的选择权。

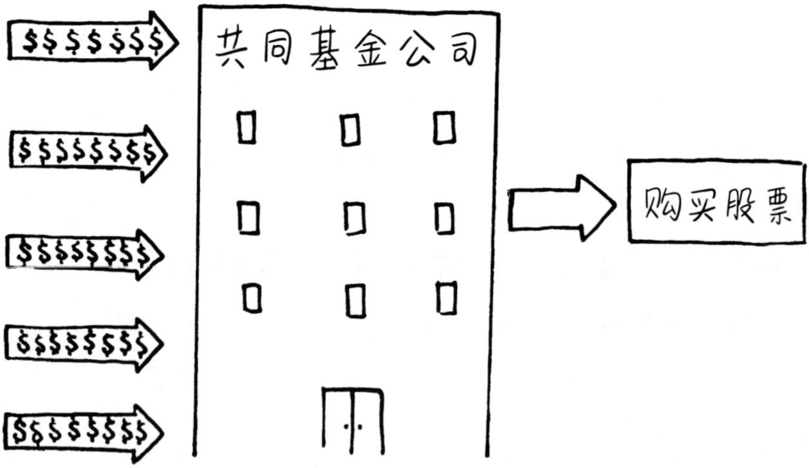

共同基金的基金经理在买入股票时的限制不多，他们也不会模拟任何指数（如果他们这么做了，那就变成指数基金了）。共同基金有一个很大的股票篮子，而你则拥有这只共同基金的份额。

共同基金的好处是：

1. 基金是由专业公司管理的。
2. 它具有很强的多样性，因为它购入的股票比你自己买得多很多，能够分散风险。
3. 它受到美国证券交易委员会的监管，以保护投资者利益。

知名的基金公司包括：富达（Fidelity）、杰纳斯（Janus）、先锋（Vanguard）、安本（Aberdeen）、普信（T. Rowe Price）、美洲基金（American Funds），以及富国（Wells Fargo）。每一家公司旗下都拥有多只不同的基金，每一只基金都有基金代码，你可以像查询股票那样查询基金。这样你就可以查看你感兴趣的那只基金的表现了。

当你研究共同基金的时候，你会发现这些基金通常会关注某一个特别的领域。比如说，很多共同基金会关注**医疗行业**。这是什么意思呢？这意味着当你买入医疗行业共同基金的时候，这只基金会用你的钱投资与医院、私人诊所、保健诊所、医疗保险、制药公司、实验室等相关的公司。

如果你买入的是关注**能源产业**的基金，你买的这只基金会用你的钱投资石油公司、石油钻探公司、冶炼厂、钻探设备公司、输油管道公司、石油供应公司，以及其他类似的公司。

花点时间在你的电脑里查查以下这几个**基金代码**，这样你就能

看到与这只基金有关的信息了。这与股票的相关信息很像。

ENBI

BIDL

DOWO

SOEN

SOPD

共同基金主要是通过对其服务收费来赚钱。你需要认真研究基金的费率结构，确保没有超出你认为合理的范围。

一些典型的共同基金收费项目包括：

1. **账户维护费**。
2. **前端收费**，有时也被称为**销售费**。
3. **赎回费**，在把基金卖回给基金公司的时候收取。
4. **交易费**，在基金转换的时候收取。

总之，共同基金有很多种收费，它们会竭力向你证明它们的费率比其他人的都要低。对于这种论调要保持怀疑态度，在进行投资之前应该多做些功课。

在基金公司的网站上，你可以查到与基金费率相关的所有信息。也有一些互联网公司会对这些费率进行比较，给你提供所有相关的信息，以供你对收费、支出和历史表现进行对比。比如 www. morningstar. com 这个网站就可以提供投资者需要的信息。

对冲基金

对冲基金和共同基金很像，也是用投资者资金汇聚的资金池投资那些他们认为会上涨赢利的股票。

共同基金和对冲基金之间最大的不同在于，共同基金的投资对象主要限于股票和债券，对冲基金可以投资任何工具。

在美国，对冲基金是个庞大的产业。据估计，约有 24 亿美元的资金投资对冲基金，全是来自那些大富豪。

在对冲基金考虑接受你的投资之前，你需要先填写一份表格，表明你是**合格投资者**，即在基金投资失败的时候，你的净值足够承受随之而来的损失。对冲基金还有最低投资要求，多数情况下，最低金额起码是 100 万美元。

管理对冲基金的通常都是金融行业里最聪明的人，他们被这个行业深深吸引，因为他们可以投资任何想投资的东西，而且对冲基

金的基金经理还有可能获得巨额管理费——我说的是**巨额**！

对冲基金一般会将它所管理的资金的2%作为年度管理费。假设第一年年末，你的对冲基金账户里有100万美元。如果说，到了第二年年末，你的账户余额涨到了150万美元，第二年的年度管理费就是150万美元的2%，也就是3万美元。

除了这2%的管理费，基金经理还会对赚得的收益收取20%的费用。如果你给他们100万美元，两年后你卖掉你的份额赚到了200万美元，你就需要支付获利的20%作为费用，也就是40万美元（获利的 200 万美元 ×20% =40 万美元）。

这就是我们在前文中看到过的所谓的**2-20 费率结构**。你要向对冲基金经理支付 2% 的年度管理费及 20% 的收益提成。通过这种方式，许多对冲基金经理变得非常、非常、非常富有。我说了非常富有吧？我提到超级富有了吗？有些人甚至一年就能赚 1 亿美元。

第七章　债券和大额存单（听起来很无聊，其实很有趣）

固定收益通常指的是债券市场。债券市场比股票市场规模大，债券的交易方式和股票差不多。你应该买什么呢？股票还是债券？也许应该都买一点。

债券

债券是另一种常见的证券或者说投资工具。股票表明了你对一家公司的所有权，债券就大不一样了，债券表明你把钱借给了一家公司，这家公司会在**到期日**还给你钱。

假设 T. R. E. N. T. 公司制造的 36 米的船卖得很好，公司决定制造 40 米的模具。你非常有信心，只要 40 米的船生产出来了，一定会卖得很好。只有一个问题：公司没有足够的钱来造船。你没有钱雇用新船的设计师，你没有钱制造新船的模具，你也没有钱雇用造船的工人。公司从哪儿才能得到资金呢？

公司获得资金的一个办法是卖债券。经过认真分析，你得出结论——制造新船需要 100 万美元的资金。于是，T. R. E. N. T. 公司发行了 100 万美元的债券，谁想买都可以。

公司发行的每一张债券**面值**都是 1 000 美元，可以在 5 年后**赎回**。换句话说，购买每张债券要花 1 000 美元（面值），持有债券的人 5 年后将会收到 1 000 美元的还款（可赎回的那部分）。在此期间，T. R. E. N. T. 公司会向债券持有人支付年度利息。

好，现在来了一个投资者，买了 10 张面值是 1 000 美元的

证券经纪人
你想不想买1 000美元的5年期T.R.E.N.T.公司债券?

好的，我们买10张债券。
证券经纪人

债券，总价格是 10 000 美元。假设债券的年利率是 8%，在投资者等待还本的 5 年中，每一年他都能收到 800 美元的利息，也就是 10 000 美元的 8%。如果债券的利率是 9% 的话，他每年就会收到 900 美元的利息（10 000 美元 ×9%）。如果债券的利率是 10% 的话，他每年就会收到 1 000 美元的利息（10 000 美元 ×10%）。

对于债券持有者来说，利息是个获得年度收益的好办法。如果你持有足够多的债券，把所有这些债券的利息加在一起应该足够支付你每年的生活所需了。然而，很多人都觉得，一个人的投资应该是股票和债券的组合（常被称为**均衡投资组合**）。但是，从长期看，历史证明，如果把股票的股利持续进行再投资，持有股票的收益将会超过债券。

收益

当你听到有人说“**收益**”这个词的时候，通常指的是投资者因为持有债券而获得的年度收益。比如说，你花 1 000 美元买了利率是 5% 的债券，每年的收益就是 5%，即 50 美元。如果你花10 000 美元买了利率是 4% 的债券，每年的收益就是 4%，即 400 美元。

高收益债券的利率很高，有时候也被称为**垃圾债券**。我没开玩笑，真的叫垃圾债券。但是别被这个名字骗了，它叫垃圾债券并不意味是它就是垃圾，你应该躲得远远的。如果发行人是优质的公司，而且你认真做了研究，认为这家公司能够支付利息并且到期还本，那么这只垃圾债券就是一项好的投资。

美国中长期国债

每周，美国政府都会通过拍卖的形式发行中长期国债，为政府未来的项目筹集资金。

但中期和长期国债的区别是什么呢？答案就是：**存续期间**。中期国债的存续期通常是发行之后的 2～10 年。长期国债的存续期则是发行日之后的 10 年以上，最高 30 年。

如果你买了 1 000 美元的利率为 3% 的两年期美国中期国债，那么你就给了美国财政部 1 000 美元，美国政府同意两年后还给你 1 000 美元，同时向你支付每年 3% 的利息。在这个例子里，你一共会得到 60 美元的利息：

1 000 美元 ×3% = 年度利息 30 美元

年度利息 30 美元 ×2 年 = 总利息 60 美元

如果你买了 10 000 美元的利率为 3% 的 5 年期中期国债，美国政府 5 年后会还给你 10 000 美元，同时在这 5 年中每年向你支付 300 美元的利息。在这个例子里，你一共会得到 1 500 美元的利息：

10 000 美元 ×3% = 年度利息 300 美元

年度利息 300 美元 ×5 年 = 总利息 1 500 美元

如果你买了 10 000 美元的利率为 4% 的 10 年期中期国债，美国政府 10 年后会还给你 10 000 美元，同时在这 10 年中每年向你支付 400 美元的利息。在这个例子里，你一共会得到 4 000 美元的利息：

10 000 美元 ×4% = 年度利息 400 美元

年度利息 400 美元 ×10 年 = 总利息 4 000 美元

美国中长期国债通常被称为**国债**，你会经常听到财经新闻评论员把5年期美国中期国债叫作“5年期”，把10年期美国中期国债叫作“10年期”。还有**30年期国债**，这是政府发行的存续期最长的债券，它经常被叫作“**长期国债**”。

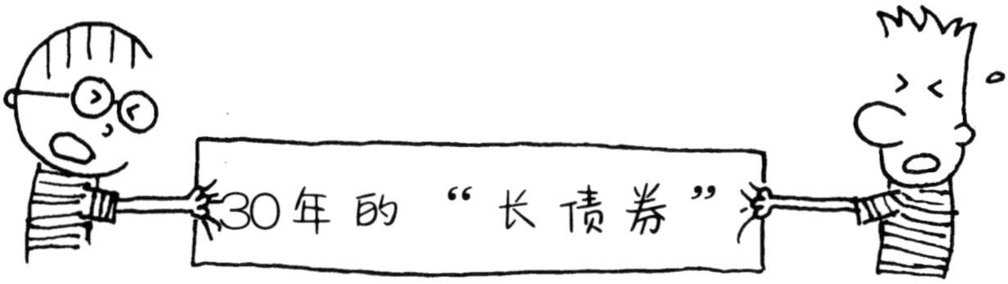

10年期国债是政府发行的所有国债中最常被讨论的，它通常被视为利率走向的**风向标**。

住房贷款利率会受到10年期国债的影响，很多经济观察家会关注10年期国债的当期收益率以预测贷款利率未来的走势。

美国人都会购买美国的中长期国债，因为他们认为这是最安全的投资品种之一。它是用美国政府的信用作担保的，因而不会产生违约风险。换句话说，如果你买了10 000美元的5年期债券，5年后你一定能拿回10 000美元，这5年之中你也会拿到债券利息。

美国政府在其历史中从未发生过债务违约，未来应该也不会。因此，那些所在国家不太稳定的投资者就更愿意投资美国国债，而不是自己国家发行的债券。他们知道不管世界发生什么变化，他们持有的美国国债会一直支付利息，债券到期的时候一定能把本金拿回来，心里有了底，他们晚上也能睡得更踏实。

美国国债最大的买家是……你说对了：是中国！中国政府买入的美国中长期债券比其他国家都要多。这就是为什么有一些人说“美国是中国人的”，如果中国不再买美国国债的话，美国政府就没有足够的运作资金。

如果中国不再买美国的国债的话，你觉得会发生什么事儿？

基点

基点的意思是什么？基点是类似金融运动会得分的东西吗？“嗨，我的基点比你高，所以我赢了。”不是的。尽管它听起来好像是个很复杂的术语，代表金融得分之类的意思，其实它只是个简单的词，意思是万分之一。

假如你在银行存了 1 000 美元，银行向你支付 3% 的利率。年底的时候你能拿到多少利息呢？答案是：30 美元，1 000 美元的 3% 就是 30 美元。

假设银行向你支付的利率是 1% 。年底的时候你能拿到多少利息呢？答案是：10 美元，1 000 美元的 1% 就是 10 美元。

但是，如果利率低于 1% 的话会发生什么呢？如果利率是 1% 的 1/4 或者 1/2 或者其他比例的时候怎么办呢？那时候你的利率是

多少呢？为了弄明白这些，你需要先了解基点。

基点指的就是万分之一，想理解这个术语，你必须知道1%等于100个基点。只要你记住了这一点，其他的事情就简单了。再重复一遍：1%里面包含100个基点。

既然我们知道了1%里面包含100个基点，那么：

- 75个基点就是0.75%。
- 50个基点就是0.5%。
- 25个基点就是0.25%。
- 10个基点就是0.1%。

- 1 个基点就是 0.01%。

1 个基点就是万分之一。

在讨论利率的时候，基点是个每天都会用到的词，你会经常听到财经新闻评论员在分析国债**收益**的时候用到这个词。比如说，如果 10 年期美国中期国债的收益率是 2.87%，第二天变成 2.9%，那么收益率就上涨了 3 个基点。如果 10 年期美国中期国债的收益率是 2.64%，第二天跌到了 2.54%，那么收益率就下跌了 10 个基点。

基点就是用来跟踪和描述小于 1% 的利率变化的。如果利率从 6% 变成了 7%，那么就可以说利率上升了 1%，或者 100 个基点。如果利率从 6% 变成了 6.5%，那么就可以说利率上升了 0.5%，或者 50 个基点。

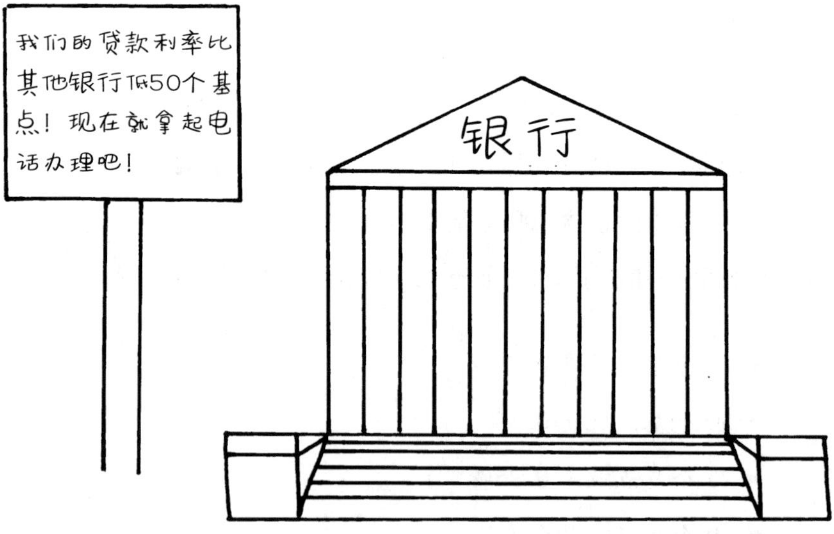

另一个用到这个词的场合就是在你从银行借钱的时候。例如你准备借 100 000 美元，银行会告诉你："贷款利率比 10 年期国债高 50 个基点。"这是什么意思呢？这就是说，如果你贷款的时候 10 年期美国国债的当期收益率是 2.87%，你的贷款利率就是 2.87% 加上 50 个基点，就是 3.37%。

大额存单

大额存单英文为 Certificates of Deposit，简称 CD。假如你有 10 000美元，暂时又没有什么花销，你想把这笔钱存在安全的地方，赚点利息，但是你不想用在任何有风险的投资上。有一个能实现你的目标的方法就是去银行买一张 10 000 美元的 CD。

CD 就是你存了 10 000 美元之后，银行给你的一张凭证。这张凭证会证明你存了多少钱、你同意在银行存多久（常见的期限是 1 到 5 年），以及银行同意支付给你多少利息（现在的利率大概是 3%）。

利率高的时候 CD 就特别受欢迎，但是现在的利率特别低，因此人们就不太愿意把钱以这么低的利率拴住一年或者更长时间。相反，很多人宁愿持有现金，这样的话，如果出现了高收益的投资机会就马上有钱可投。但是，CD 还是一个客观存在的投资品种，你应该有个基本了解。

如果你用 10 000 美元买了 1 年期 CD，一年后你就可以拿回这 10 000 美元，再加上利息。如果利率是 3% 的话，你最后就能拿到 10 300 美元。

CD 的优点是你一定能拿回本金并获得利息，没有亏损的风险。

不像股票或者债券，CD 不能交易，你不能像卖出股票或者债券那样卖出 CD。CD 的价值是固定的，不会随着时间发生涨跌。

不过，如果你实在需要在到期前**支取**这 10 000 美元，你还是有权这么做，但你需要支付**罚金**。如果你提前支取了，你可能只能拿回 9 500 美元，也拿不到持有 CD 期间的利息。

在你决定买 CD 的时候一定要记住这一点。如果还能应付，就不要提前取现。

第八章　公司分析
（说真的，这能让你变聪明）

有些人觉得选股票就像掷飞镖，把飞镖投掷出去，扎到哪个买哪个，这样就行了。也有些人觉得，你应该做好功课，深入挖掘公司的细节。现在我们就来说说你在做投资决策之前如果想做些研究的话应该考虑什么。

如何用公司分析来决定要不要买它的股票

如何用公司分析来决定要不要买它的股票呢？你喜欢这家公司的产品，算是一个理由。其他人都买这只股票，也还算可以。你觉得这家公司的产品会大卖、大赚一笔，是个不错的理由。你没有什么想法，觉得傻人会有傻福，很多人都这么做。

事实上，如何决定买一只股票没有对错之分。股票决策方法有很多种，正如世界上的投资者有很多个。尽管如此，你还是需要对多数专业投资人和理财经理在决策中的基本考量有个大致了解。

在买入一只股票之前，多数人会考虑如下事项：

1. **股票价格**。价格是处在历史高位或者历史低位吗？
2. **市盈率（P/E）**。市盈率合理吗？比道指的市盈率高还是低呢？如果在 10 到 15 之间，就很合理。如果超过了 50，就太高了，花这么多钱买这只股票你真需要个说得过去的理由。
3. **历史盈利**。公司赢利有多少年了？每年都能赢利吗？时间越长越好。盈利每年都增长还是都差不多？

4. **市场份额**。它的市场份额是否在持续增长？还是它眼睁睁看着竞争对手抢走了自己的份额？
5. **产品的受众市场**。它的受众市场是扩大了，还是缩小了？正常情况下，你会更愿意投资市场处于增长中的公司。
6. **新技术**。是否存在新的技术使这家公司对于客户的吸引力减弱了呢？公司的技术会不会被新的技术彻底取代而导致公司走向衰亡呢？
7. **宏观经济因素**。基于你对于世界总体局势的预测，这个局势对于你想投资的这家公司是有利还是有害呢？是否有可能爆发战争？原油供应会中断吗？气候变化会对公司造成影响吗？
8. **清算价值**。如果公司遇到了无法预见的问题而经营困难，当公司需要变卖资产以筹集资金的时候，其内在价值如何呢？如果真的变卖的话，公司的资产以及其他组成部分还值钱吗？

9. **管理**。这可能是最重要的因素。首席执行官和其他管理者的管理水平怎么样？他们对于自己正在做的事情心里有数吗？过去几年里他们的业绩表现如何？他们是否紧跟行业的发展趋势呢？他们关心公司吗？
10. **公司是否是收购标的**？股价上涨的一个强有力的原因就是有其他公司想要买下这家公司。在收购中，收购方通常都需要支付比市价更高的价钱才能买下这家公司。你研究的这家公司是收购标的吗？
11. **无形资产**。公司拥有任何有价值的专利或商标吗？这些东西通常被称为无形资产。专利可以帮助公司保持竞争优势，至少可以让竞争对手很难在短时期内复制公司销售的产品。你可以把专利看作是城堡周围的护城河。你拥有的专利越多，你的护城河就越宽、越深，别人就越难接近你。商标也是一样，舒洁是个商标，可乐是个商标，佳得乐也是一个商标。这些商标能够被消费者迅速辨识出来，并为公司带来更多价值。
12. **公司支付股利吗**？很多投资者只买入会发放股利的股票，这样他们以后就能靠股息收入生活了。如果股利对你来说很重要，那你就应该去找那些过去一直在派发股利的股票。

上面这些是专业理财经理在股票投资决策中会考虑的一部分因素，你同样需要考虑这些因素。

市盈率

在考虑要不要买一只股票时，你需要考虑的一个因素是市盈率。在金融圈里，几乎每个人在分析股票的时候都会考虑市盈率。什么是市盈率呢？市盈率如何帮助你做出明智的选择呢？我们来看看。

市盈率就是用股票当前的价格除以公司的每股盈利或者每股利润。

P/E = 股票价格/每股盈利

想弄明白市盈率，你需要先了解以下这些概念：

1. **股票的当前价格**。假设股票现在的价格是20美元。
2. **去年公司的盈利或者利润**（盈利和利润是一回事）。假设去年公司的盈利是100万美元。
3. **股东拥有的公司股票总数**。假设公司发行在外的股票总数是100万股。
4. **公司的每股盈利（EPS）**。这很简单，只要用公司的盈利

（在这里是100万美元）除以总股数（在这里是100万股），这样我们就得到了每股盈利，是1美元。

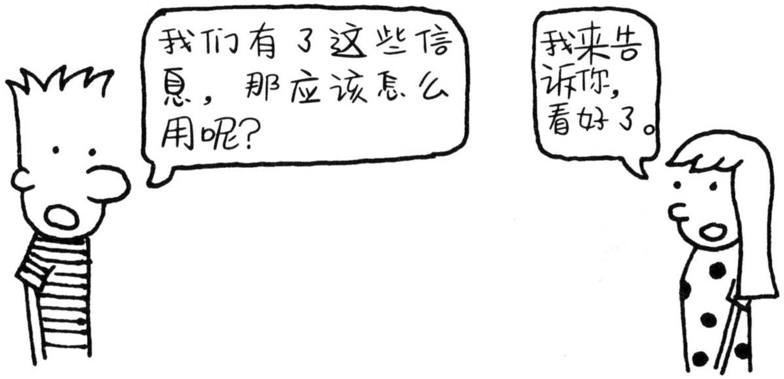

信息都有了，你就能计算市盈率了。市盈率是这么算的：

1. **确定每股市价**。这很简单。只需要用你的电脑找找今天这只股票的交易价格就行了。假设这只股票的价格是20美元。
2. **用每股市价除以每股盈利**。在这个例子中我们就得到了：

P/E＝20美元（股票价格）/1美元（每股盈利）＝20

因此这个例子中的市盈率就是20。

为什么市盈率很重要？我们应该怎么使用它呢？市盈率之所以重要，是因为它可以让你知道你想买的股票跟其他股票比起来，价格是低还是高，还是差不多。

这真的很重要，我再重复一遍。**市盈率可以让你搞清楚你**

想买的股票跟其他股票比起来价格是合理，偏低，还是偏高。在你决定买一只股票之前，市盈率是你应该重点考虑的一项指标。

我在写这本书的时候，纽交所的大多数股票的市盈率都是 15。这也就是说，平均来说，对于公司每 1 美元的盈利（盈利或 E），投资者会支付 15 美元（价格或 P）。

P/E＝15 美元（股票价格）/1 美元（每股盈利）＝15

如果你想买一只市盈率为 35 的股票，对于公司每 1 美元的盈利，你需要支付 35 美元。如果你考虑买一只市盈率为 10 的股票，对于公司每 1 美元的盈利，你就需要支付 10 美元。

买一只市盈率比较高或比较低的股票既不算好事也不算坏事。它只是一个指标。如果有人让你买一只股票，你就可以用这个信息

来判断股票的价格是不是合理。

然而，如果你想买的股票的市盈率高于 15（这是目前在纽交所交易股票的平均市盈率），你必须要问："为什么？"为什么人们会为这只股票花这么大的价格？他们怎么能证明这个价格是合理的？还是说现在的价格根本就太可笑？

以下几个真实公司的 P/E，很有意思。这些都是 2014 年 3 月 12 日的真实数据。

1. 宜曼达公司（股票代码 ILMN）：这个公司生产测定 DNA 的仪器，它的市盈率是 82。
2. 富国银行（股票代码 WFC）：这是一家很大的银行，它的市盈率是 12。

3. 特斯拉（股票代码 TSLA）：这个公司生产非常酷的电动车，它的市盈率是 0。对，就是 0！

想想看，为什么有人愿意买市盈率是 82 的宜曼达公司，却没有买市盈率是 12 的富国银行？难道说为公司的每 1 美元收益支付 12 美元不是比支付 82 美元更好吗？想想看这个问题。

有很多精明的投资者会以 82 的市盈率买宜曼达公司的股票。他们对这家公司有什么样的了解，让他们觉得这么高的市盈率和股价是合理的？

最后，我们来看看特斯拉，它的市盈率是 0。为什么一家公司的市盈率会是 0 呢？答案就是：这家公司根本不赚钱。没错，它生产和销售很酷的汽车，但是完全没有赚到钱。它在经营中一直亏钱。所以，它的盈利是 0——按照定义——它的市盈率也是 0。如

果一家公司不赚钱，那么它的市盈率就是 0。

然而，特斯拉真的很神奇，我在写这本书的时候，它完全没有收益，但是它的股价竟然是每股 241 美元，公司市值达到 29 万亿（记住：市值 = 公司股票总数 × 每股股价）！

一家不赢利的公司为什么能值 29 万亿美元？答案是：投资者认为总有一天公司会赚大钱，会大红大紫。如果这成真了，股价还会涨得更高，现在 241 美元的价格就会显得很便宜。但也有可能不会，以这个价格购入股票的投资者有可能酿成大错。

关于市盈率比较好的一点是，你不需要自己计算某只股票的市盈率。市盈率已经计算好了，当你查询股价的时候就能看到列在旁边的市盈率。

EBITDA

如果你听 CNBC 或者彭博，或看财经类报纸，你会接触到 EBITDA，这个词经常出现。

EBITDA 是一个会计术语，但我们现在不会对它进行过多介绍。目前你需要知道的就是，这个词指的是一家公司的息税折旧摊销前利润。

以后你可能会学会计学的课程，那时候你会学到公司的财务账簿是怎么回事、它们如何确认收入和费用、它们如何确定每一年的公司利润。

现在，你只需要记住，EBITDA 指的是扣除利息支付、应付税款、折旧（这又是另一个故事了）和摊销之前的利润。

大时代CEO
去年我们的EBITDA是5000万美元。

是的，我听说过EBITDA。

最起码，从现在起你可以说："是的，我知道 EBITDA。"如果别人问你这是什么，你可以说："这是公司利润的决定性因素"，这就很好了。

市场份额

这个概念也很简单。假设美国有两家甜甜圈公司：超级甜甜圈公司和巨无霸甜甜圈公司。假设每一年美国销售的甜甜圈有 100 万个，超级甜甜圈公司卖出了 60 万个，巨无霸甜甜圈公司卖出了 40 万个，那么超级甜甜圈公司就占有 60% 的市场份额，因为市场上 60% 的甜甜圈是它卖的。而巨无霸甜甜圈公司就占有 40% 的市场份额，因为市场上 40% 的甜甜圈是它卖的。

现在，我们假设巨无霸甜甜圈公司今年决定击败自己的竞争对手超级甜甜圈公司。巨无霸甜甜圈公司的 CEO 在电视上接受采访时说道："我们正在专注制造新一代更好吃的甜甜圈，我们会从超级甜甜圈公司那获得更多的份额。"获得什么？什么叫获得份额？

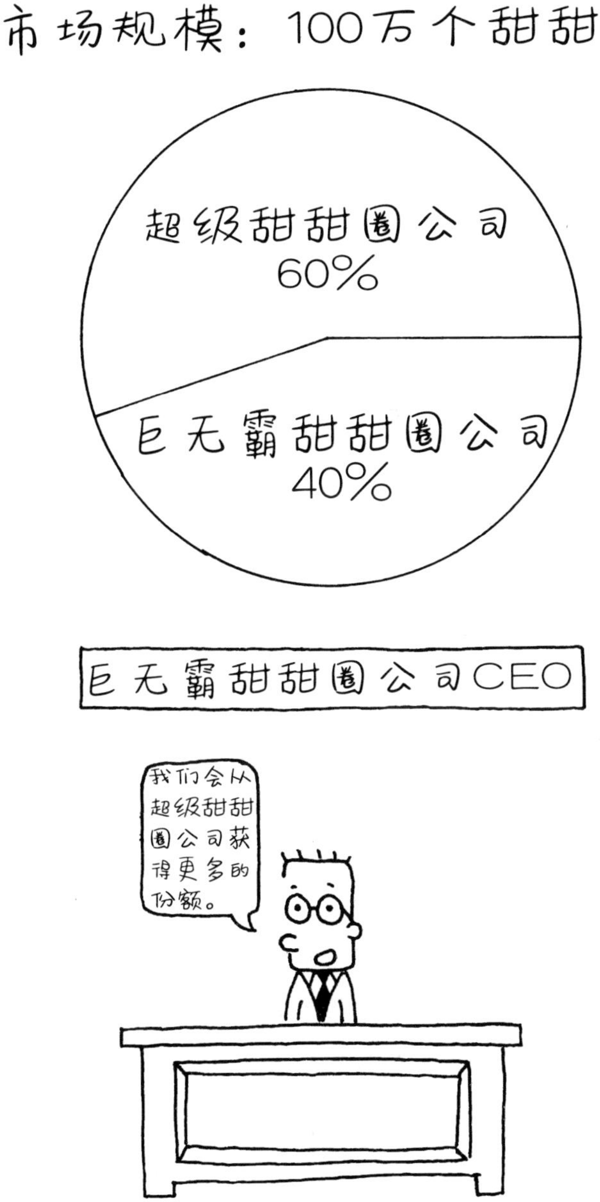
市场规模：100万个甜甜圈
超级甜甜圈公司
60%
巨无霸甜甜圈公司
40%
巨无霸甜甜圈公司CEO
我们会从超级甜甜圈公司获得更多的份额。

获得份额或者说**获得市场份额**的意思是，巨无霸甜甜圈公司想要从超级甜甜圈公司 60% 的市场份额中分一杯羹。明年，巨无霸甜甜圈公司想要卖出超过 40% 的甜甜圈，如果成功了，那巨无霸甜甜圈公司的市场份额就增长了。这样的话，它就从超级甜甜圈公司那得到了份额。

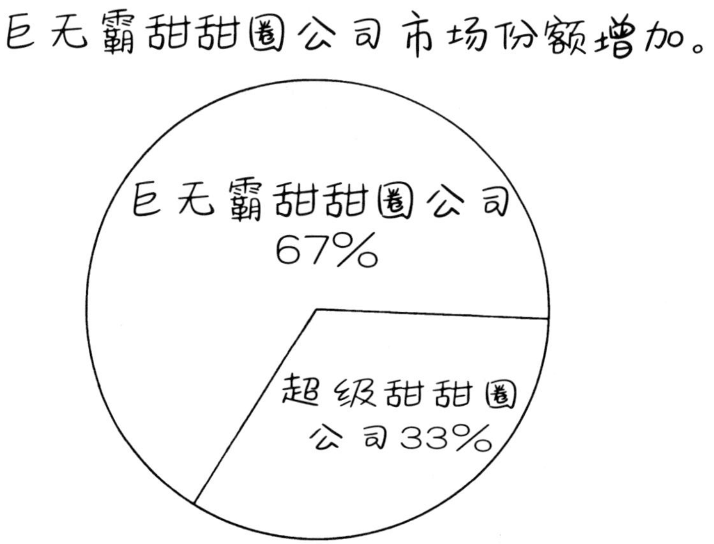

甜甜圈，或者其他产品的市场总额永远是 100%，所以如果巨无霸甜甜圈公司的份额增长了，那么超级甜甜圈公司的份额就会减少（我们假设市场上没有其他的甜甜圈公司）。

如果下一年，美国市场一共卖出了 150 万个甜甜圈，那么跟一年前的 100 万个比起来，甜甜圈的市场规模就增长了 50%。如果巨无霸甜甜圈公司现在卖出了 67% 的甜甜圈，而不是 40%，那么它就在更大的、不断增长的市场中从超级甜甜圈公司那儿抢占了份额。

就是这么回事儿。

财报周

财报周指的是每年中的 4 段时间，这时上市公司需要披露它们的财务表现，这些财务报告叫作**季报**。

1月	2月	3月	第1季度
4月	5月	6月	第2季度
7月	8月	9月	第3季度
10月	11月	12月	第4季度

一个日历年分为 4 个季度：

1. 1 月到 3 月是**第 1 季度**，这个季度的报告每年 4 月公布。
2. 4 月到 6 月是**第 2 季度**，这个季度的报告每年 7 月公布。
3. 7 月到 9 月是**第 3 季度**，这个季度的报告每年 10 月公布。
4. 10 月到 12 月是**第 4 季度**，这个季度的报告来年 1 月公布。

所有的上市公司都要按规定编制和披露季报。华尔街的精英们在焦急地等待着这些报告，他们要根据公司的表现来决定他们是该买入还是卖出这家公司的股票。

大多数上市公司都集中在两周内披露自己的季报，这段集中披露信息的时间就叫作**财报周**。

通常情况下，披露季报之后就会召开由公司管理层、华尔街分析师、记者，以及部分股东共同参加的电话会议。公司会介绍上一季度的业绩表现，并回答会议中其他人的提问。其中，投资者最想了解的问题就是公司的盈利预测。

盈利预测

公司对未来表现的预期就是**盈利预测**。你经常会听到评论员说，“他们下调了对下半年的预期”（比如说他们预测未来几个季度的销售额和盈利会下降），或者相反，“他们发布的盈利预测显示公司的销售额和盈利都将上升”。

盈利预测指的是公司对于未来几个月的公司表现的预期。

股利

每一家公司的目标都是赚钱，越多越好。公司赚钱的时候，公司股票的价格就会上升，员工和投资者都会很开心。

公司赚了钱就会带来大量的现金，如果没有用掉这些现金的话，这些现金就一直存在银行账户里。多数现金会被留存下来，用于支持公司发展，但是很多公司也会把部分现金支付给股东，当作**股利**。

很多公司每年都争取向股东派发股利，如果连续 20 年甚至更长时间都派发了股利，它们深感自豪。股东也盼着获得股利，很多人靠这笔钱维持生活所需。**派息股票**很受欢迎，特别是对于退休后的老人而言，股利就是工资的替代品。

公司会派发多少股利没有固定的标准，但是通常而言，股利一般占股价的 2% ~5% 。

如果公司的股票价格是每股 100 美元，股利一般是每股 2 美元到 5 美元。如果你持有 1 000 股股票，当年你就会得到 2 000 美元到 5 000 美元的股利。这个数字取决于公司最终决定向股东派发多少股利，以及你持有的股票数。

特殊股利

有的时候，公司会意外得到一笔一次性的巨款，这样的事它们觉得不太可能再出现，比如说它们出售了部分业务，因此得到了一大笔钱，也有可能是历史利润累积的结果。在这种情况下，公司的

董事会可以决定向股东派发一次性的**特殊股利**。之所以叫特殊股利，是因为这样的事情不可能经常出现，股东也不能认为以后会经常有这样的事儿。

股票回购

当公司的现金非常多，超出所需的时候，公司董事会还可以做出另外一项决策，那就是进行**股票回购**。我在写这本书的时候，苹果公司就进行了股票回购。

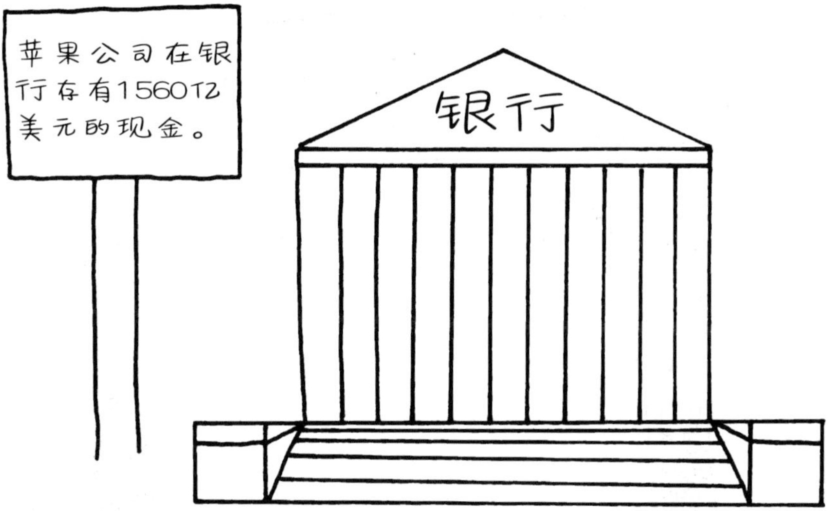

2013 年 9 月的时候，苹果公司在银行存的现金有 1 560 亿美元。这笔钱的金额惊人，大概也创造了上市公司有史以来的记录。

苹果公司董事会面临的问题就是怎么处理这笔钱。公司运营用不了这么多钱，因此，好多股东希望苹果公司向股东派发股利，或者用其他方法增加股价。

苹果公司有两个选择：

1. 派发特殊股利。
2. 进行股票回购。

苹果公司决定两个都选。它把一部分现金用来派发特殊股利，

另一部分用来每天在市场上买入自己公司的股票。

进行了股票回购之后，公司的股价通常会上升，因为市面上流通的股票数减少了。股票数减少是因为公司买回了股票，这部分股票不再流通，我们就没办法买到这些股票了。正如我们知道的，股票代表了公司的所有者权益，当一家成功公司的股份数越来越少的时候，每一股股票就会变得更贵。

如果 T. R. E. N. T. 公司有 1 000 万股，每股价值 1 美元，公司的市场价值就是 1 000 万美元。

当一家公司的股份数越来越少的时候，股票价格就会上涨。

1 000万股，每股1美元，公司的价值就是1 000万美元。

现在我们假设公司的股份不是 1 000 万股，由于进行了回购，现在的股份只有 100 万股，你的公司买回了 900 万股，这些股票不会再进行公开交易了。接下来股价会怎么样呢？答案是：股价会上升。

T. R. E. N. T. 公司仍像之前一样，是一家成功的公司，它的价值仍然是 1 000 万美元。但不同之处在于，由于进行了股票回购计划，公司的股份数从 1 000 万股减少到 100 万股，流通的股份数只有 100 万股，因此每股现在的价值就是 10 美元。股票回购计划使得股价从每股 1 美元上涨到每股 10 美元，股东全都乐开了花。

特殊股利和股票回购是公司处置多余现金的两种不同方式。

透明度

投资者想了解他们投资的公司的现状如何，他们会持续关注如公司策略、收入和盈利、竞争情况、盈利预测等各种信息。如果公司没能提供这些信息，就会听到投资者说："我们需要更高的公司透明度，我们需要更多的信息。"

透明度的意思就是公司应该让投资者更清楚地知道公司的内部运营情况。公司应该有更高的透明度。

私人公司和上市公司

这很简单。私人公司就是股票不在纽交所或者纳斯达克这类证券交易所交易的公司。跟上市公司一样，私人公司也有股东（股东可能有很多），只不过私人公司的股份不在公开市场交易。

如果你拥有一家私人公司的股票，你就不能像持有苹果公司、脸书或者麦当劳的股票一样，去亿创理财查询股票的价格。同样，当你想要卖掉一家私人公司的股票时，你也面临同样的问题。因为私人公司的股票没有在证券交易所上市，所以你不可能拿起电话，打给自己的经纪人，说“卖出”。相反，你得找到一个买家，私下达成交易。这可不太容易。因此，私人公司的股票通常被认为**缺乏流动性**，因为找不到现成的市场去卖掉股票。

相反，**上市公司**是公开上市的。世界上的每一个人都可以在家里的电脑上敲敲键盘，买入股票。上市公司通常有数千名股东，股票**流动性**很好，你什么时候想买卖都可以。

当一家公司决定**上市**的时候，它知道，它将会受到很多法律法规的限制和要求，这些都是作为私人公司不需要考虑的。比如说：

1. 上市公司的股票在纽交所或者纳斯达克挂牌交易，这两家交易所对于什么样的公司能上市，什么样的公司不能上市都有自己的规定。如果你的公司不符合它们的规定，那就没办法上市，公众也就不能在这些交易所买卖你的股票。
2. 上市公司要满足财务报告规范，还要确保每个人都能看到这些财务数据。它们要填制年报，举行年度股东大会，允许股东投票选出董事会成员，有时还会投票决定 CEO 的薪酬包，投票赞同或者否决公司销售自己的业务，等等。上市公司的每件事都是公开的，你只需要坐在家里，打开电脑，你获得的上市公司的信息比 20 年前专业经纪人获得的还要多。

3. 对于自己的财务状况和未来业绩的预测，上市公司发表看法的时候一定要非常谨慎。如果说的是真实的，那就没事，但是如果说谎了或者夸大了，那它们的麻烦就大了。证券交易委员会会找上它们，政府或者个人股东有可能起诉它们，这种事很常见。
4. 有些公司觉得上市公司的报告规范和面临的公众监督有些划不来。这时候，一些有钱的投资人就会联合起来，**将公司私有化**。也就是说，他们会买下市场上所有的股票，把公司从证券交易所摘牌，将公司变回私人运营。繁重的报表要求就没有了，但是股票的公开市场也就没有了。这是一把双刃剑。

私人公司也要面对很多法律法规的限制，但是没有上市公司那么多。

私人公司的股东和上市公司的股东一样拥有法定权利。他们有权知道公司的运营状况、查看公司的财务报告、投票决定某些事情，等等。只不过，公司的运营是私下进行的，公司的业务细节不会在网上公告，让全世界都知道。这就是私人公司和上市公司的最大区别。

52 周移动均价

这也是一个常见概念，当你对股票术语越来越熟悉的时候，你就会看到这个词。**52 周移动均价**指的是过去 52 周的平均股价。每一周移动均价都会变化，因为每一周你所计算的都是不一样的 52 周。

如果去年谷歌的周平均股价是 530 美元，那么谷歌的 52 周移动均价就是 530 美元。当你计算下个星期的 52 周移动均价的时候，你就得去掉最前面那个星期的价格，加上最近一个星期的价格。如此一来，52 周移动均价就在不断变化，不断前进。

为什么说这很重要呢？你为什么需要了解这个概念呢？这个概

念本身并不是特别重要，但它是一项参考信息，可以帮助你判断现在谷歌的买入价格相比过去一年来说是否合理。

移动平均价还可以向你展示股价的走势。你从 52 周移动均价中可以得到股价走势的大量信息，就像买卖股票时用到的其他信息一样，它并不是决定性的，它只是你分析时的一个重要数据。

第九章　借钱
（别借太多，千万别！）

人们借钱的原因有很多，但是你要记住，借钱总是比还钱容易。对于债务一定要非常谨慎，否则还债的压力会越来越重。

抵押贷款

买房子可能是最常见的借钱的理由。买房子有两种方法：

1. 可以付现金。
2. 可以付一部分现金，剩下的从银行那里借。

当你从银行那里借钱买房的时候，银行会基于你的房产做抵押贷款。那么，什么是抵押贷款呢？

抵押贷款（mortgages）就是，银行在市房地产估价师那里登记的一份记录，向大家表明你刚刚购入的房产是借钱买的。如果有人想买你的房子，在你（作为房子的卖家）得到销售收入之前，得先还清贷款。

我们来看一个例子。假设你想买一套50万美元的房子，你只有20万美元的现金，所以你到银行去借了30万美元，这样就可以买房了。但是，在银行借给你30万美元之前，你得先签署一些文件，承诺会连本带息地还款，同时允许银行把你的房产作为抵押。

你签署了文件，买了房子之后，银行会让律师到市房地产估价

师那儿，**记录下这笔贷款**。做记录就意味着银行的抵押贷款载入了**市房地产估价机构的官方文件**，以后想买你的房子的人都会看到这份文件。只有在贷款还清，银行得到还款之后，未来的买家才能买你的房子。这很简单。

当你承担了贷款之后，你就得每个月向银行还款，包括借的本金及产生的利息。每个月的还款都有指定的日期，你必须确保及时还款。如果你还晚了或者没有还，你就**违约**了。如果发生了这种情况，银行就会启动**止赎**（foreclosure）程序，对你的房产进行强制拍卖，以挽回自己的资金损失。

在我们的例子里，如果你没有对借来的 30 万美元进行还款，银行就会取消你的赎回权，法院会要求你把房子卖给出价最高的竞拍者。如果最高的出价是 40 万美元，房子会以这个价格成交，银行会拿走它自己的30 万美元（加上利息），剩下的钱是你的（还要

扣除律师费和其他费用）。

然而，如果最高的出价只有 25 万美元，银行会拿走拍卖得到的所有的钱，而你还欠银行 5 万美元，因为你借了 30 万美元。这种状况可不太妙。你花 50 万美元买的房子，最后却只拍出了 25 万美元。

在拍卖中，你损失了自己买房时花的 20 万美元，失去了房子的所有权，你只能搬出来，同时还欠着银行 5 万美元。糟糕，太糟糕了！你一定要按时还贷款，永远不要买超出自己承受能力的房子。**记住首要规则，要量入为出。**

摊销

为了买房你借了 30 万美元，你知道你得把钱还给银行。但是，每个月你应该向银行还多少钱呢？你要还多少个月才能还清呢？

有一些住房抵押贷款要求在 5 年内还清，有的是 15 年，还有的是 30 年，这取决于贷款**条款**（terms）。

我们来看一个例子，如果你借了 30 万美元，每个月需要向银行还 1 000 美元，直到还清为止。那么，为了把 30 万美元还清，你就需要还 300 个月。对吗？（为了简便，我们先不考虑你需要支付的利息。）

如果你每个月需要还 2 000 美元，为了还清 30 万美元，你就得还 150 个月。如果你每个月还 10 万美元，那你用 3 个月就可以还清这 30 万美元的贷款。懂了吗？

确定每个月需要还多少钱的这个过程叫作贷款**摊销**（amortization）。这是一个银行的术语，用来确定还款的年限和每个月的还款金额。

如果你有 10 年的时间来还这笔贷款，银行就会告诉你说它会借给你 30 万美元，摊销期限是 10 年。如果你有 30 年的时间来还

这笔贷款，银行就会告诉你说它会借给你30万美元，摊销期限是30年。以此类推。懂了吧？

信用等级和无抵押贷款

银行的贷款有很多种，但是在借出钱之前，它们会尽全力确保贷款能够得到偿还。我们知道，对于房屋抵押贷款，银行会以房产作抵押，这样在必要时就可以将其强制拍卖。

但是，如果借款人没有房产作抵押物的话，对于这种类型的贷款，银行怎么保护自己呢？银行如何才能确保自己把钱借给了有能力且有意愿还款的借款人呢？

虽然没有什么能保证贷款一定会被偿还，但银行在借出款项之前会做一件尽力确保贷款会被偿还的事：检查借款人的**信用等级**（credit rating）。我们现在就来看一看这个概念。

假设有两个人走进一家银行，都想借 5 万美元。第一个人，我们叫他杰克（Jack），50 岁，是通用汽车的副总裁，在通用汽车工

作了25年，拥有自己的房产，无贷款，从未向其他人借过钱，年薪是25万美元。第二个人，我们叫他汤姆（Tom），25岁，在麦当劳工作，时薪是9美元，有7.5万美元的学生贷款，5 000美元的车贷，过去的一年里换了4份工作，没上过大学。

银行会把钱借给谁呢？为什么？答案很简单：杰克还款的可能性要高很多。汤姆的**信用风险**（credit risk）很高。因此，杰克会借到钱，汤姆则可能借不到。

杰克挣的钱比汤姆多，没有负债，他的还款条件要好很多，应该能够承担每个月的还款。而汤姆，日子过得很艰难。他挣来的钱

都花了，如果失去工作的话，银行里一分钱也没有。对于银行来说，杰克的风险较低，汤姆的风险很高。

一个人的信用风险如何，主要取决于他的信用等级。在我们的例子里，杰克的信用等级比汤姆高得多。

信用等级就像学校考试的分数。有的人得 100 分，有的人得 90 分，也有的人得 60 分，等等。信用等级和这类似。信用等级的分数主要是 **FICO 分数**（FICO score），这是由费埃哲有限公司（FICO）研究得出的，这家公司通过数学运算来确定一个借款人是否具有较低的信用风险、是否能够偿还贷款。FICO 分数最低是 300 分（风险最高），最高是 850 分（风险最低）。

为了准备考试，你可以努力学习，提高成绩。FICO 分数却不是这样。FICO 分数是由私人公司评定的，你甚至不知道自己被评了分。挺夸张的吧？

不管你相不相信，有很多公司都在尽可能地搜集关于你的财务信息，你自己甚至都没察觉到。然后它们就会给你一个分数，就像

学校里的考试成绩一样，并把你的所有数据卖给银行或者其他公司。这是一个庞大的产业。

美国主要的 3 家**信用报告机构**是：

1. 益百利（Experian）。
2. 艾可飞（Equifax）。
3. 环联（TransUnion）。

这些公司主要搜集你的以下 5 类信息：

1. 支付记录。
2. 信用史的长度。
3. 负债金额。
4. 信用类别。
5. 最近的信用情况。

有意思的是，你赚多少钱及你的工作情况并不是 FICO 分数的考虑因素，尽管有很多借款人在考虑要不要借给你钱的时候会参考这些因素。FICO 分数不是批准贷款时的唯一指标。FICO 分数高并不意味着你的贷款一定会被批准，FICO 分数也并不意味着你一定贷不到款。只要银行觉得你能及时还款，能在到期日前还清贷款，你就可能贷到款。

信用分数或者**信用等级**会对你产生很长时间的影响。你可能会走进内曼·马库斯商场（Neiman Marcus），想要申请一张商场的信用卡，却被告知说："很抱歉，先生，我们不能给您办内曼·马库

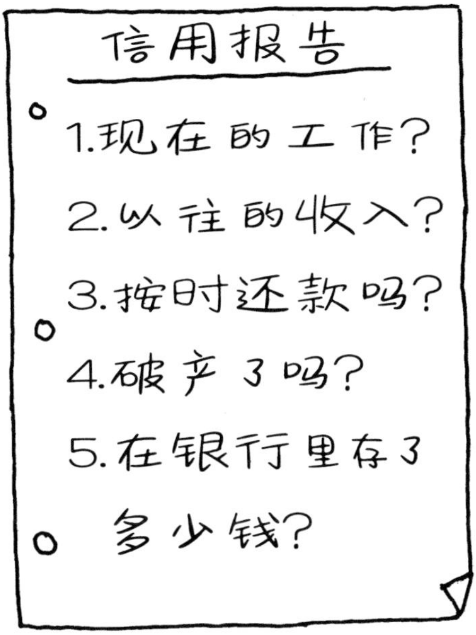

斯信用卡。”啊？怎么回事？它们为什么会拒绝你？

基于从信用报告机构得到的信息，商场经常会拒绝给顾客办卡。因为顾客的信用报告中可能会有一些负面信息，FICO 分数可能很低，顾客可能有高额负债，等等。如果它们对看到的信息有所担忧，就不会给你办信用卡。这种事情经常发生。

多数人从没见过自己的信用报告，从来没有联系过信用报告机构看看自己的历史财务数据，也不知道自己的 FICO 分数是多少。

在当今世界，你应该格外留意这些。美国联邦法律允许每个人每年可以从 3 个信用报告公司之一获取一份免费的信用报告，看看报告里是怎么描述自己的，这很重要。信用报告中关于个人的信息有误是很常见的，因此，申请人就可能申请贷款时被拒，而本来是可以成功的。

很多人为了改正报告中的错误不得不经历持续数年的斗争，现在有律师专门帮助顾客改正错误的信用报告。

违约

当生活中出现问题的时候，很多人会责怪别人，对吧？你应该见过。他们会说，“嘿，不要怪我，这是他的错”，或者“这是她的问题”。懂了吗？（我是开玩笑的。）default 这个词一般当“错误”讲，但当我们在金融领域中用到这个词的时候，就不是这个意思了。让我们来看看这时这个词的意思是什么。

违约（default）的意思就是有人借了钱却还不上。如果一个城市为了新建学校而发行债券进行融资，在债券到期时它无法偿付给债权人的话，那么这个城市对于其债券就**违约**了。

如果你从银行借了 10 万美元，无法偿还，那么你对于这笔贷款就违约了。如果你付不出办公室租金，你对租金就违约了，会被赶出去。就是这样。违约意味着某个人没能偿还本该偿还的款项。

每当你把钱借给别人的时候，包括你买入债券的时候（这就相当于你把钱借给了卖债券的人），你必须问问自己：“借出这笔钱的

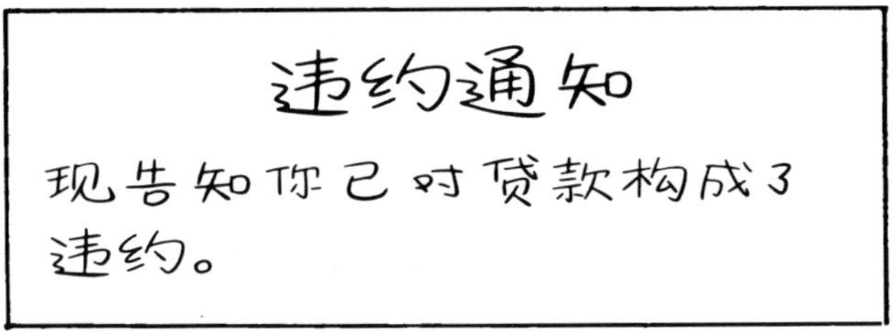

违约风险如何？”换句话说，“借款人不能还款的可能性有多大？”

如果违约风险很高，你就不应该借出这笔钱，或者你起码应该要求一个很高的利率，作为对高风险的补偿。

如果借款人违约的话，最后他们可能会破产，这对于贷款人来说可是一件很糟糕的事儿。破产通常会将借款人的所有债务清零，借的钱就再也不用还了。在借钱给别人的时候要非常小心，不要把钱借给信用等级很差、违约风险很高的人。

破产

破产（bankruptcy）是一种法律程序，通过这个程序，你可以让法院免除你的债务，这样你就不用再偿还任何贷款了。如果法院受理了你的破产申请，那么等到整个程序完成以后你就不再需要偿还你借来的钱了，你可以无债一身轻地继续过日子。

听起来，对于申请破产的人来说，这算是个好消息。**但不要忘记，申请破产的人为此要付出高昂的代价。**尽管你的债务被免除了，不需要再还自己欠下的债，但是一旦你宣告破产，它会对你产生长久的影响，另外有些债务也没办法通过破产免除。

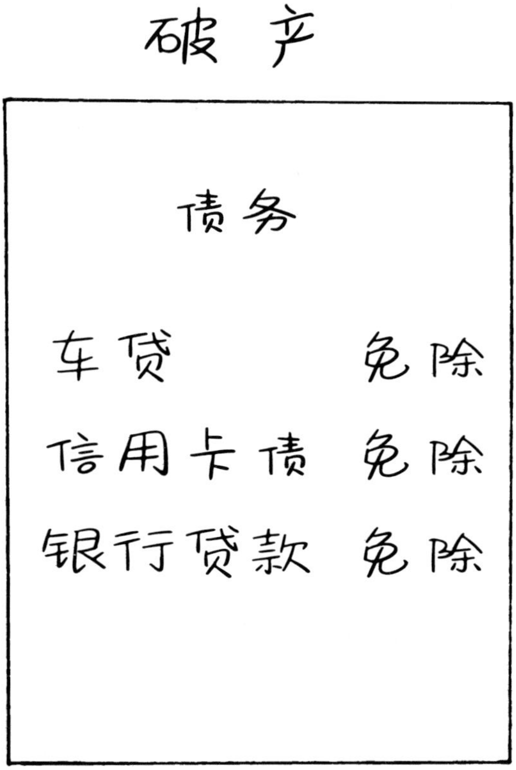

申请过破产之后，再想让其他人借给你钱就很难了。很多信用卡公司会拒绝向你发放信用卡（你只能申请借记卡）。如果你是一名律师的话，你还得向当地律师协会提交破产材料。以后你在填写财务报表的时候，遇到“是否申请过破产”这个问题时，你必须回答“是”。你必须变卖自己的大部分资产，尽可能多还些钱给你的债主，你还得向协助你申请破产的律师支付一大笔律师费。所有这些事完成之后，破产程序完成了，你也破产了。

你应该尽全力避免破产。如果你管好自己的钱，**量入为出，你就不太会面临破产这个问题。**

LIBOR

LIBOR 是**伦敦银行同业拆借利率**的英文缩写，它指的是伦敦的银行从其他银行那里借钱的时候愿意支付的**利率**。

在美国，LIBOR 被用得最多的情形就是借款人向银行借钱的时候。银行对借款人报出的利率通常是“LOBOR 加 2 个点”，或者“LOBOR 加 1.5 个点”，或者“LOBOR 加 3 个点”，等等。它们所说的点是百分点。如果 LIBOR 是 2%，银行给你的利率是 LOBOR 加 2 个点的话，那么你的贷款利率就是 4%（LIBOR + 2% = 4%）。

LIBOR 每天都会变化，你可以在网上查询最新的数据。

第十章 利率（睡觉的时候也能赚钱）

利率就是使用其他人的钱的成本。如果你借了钱，还钱的时候就得在本金之外加上利息。如果你借给别人钱，你就能收回本金再加上利息。

单利

实际上，单利非常简单。如果你借给别人 10 000 美元，你能得到的单利利率是 7%，那么在整个借款期内，每年你都会得到 700 美元的利息。

如果你借出了一笔期限为 5 年的借款，接下来的每一年里你会收到的利息情况如下：

第一年：10 000 美元 ×7% =700 美元

第二年：10 000 美元 ×7% =700 美元

第三年：10 000 美元 ×7% =700 美元

第四年：10 000 美元 ×7% =700 美元

第五年：10 000 美元 ×7% =700 美元

总利息：3 500 美元

问题在于：这 3 500 美元是在什么时候支付呢？

有些借款条款要求借钱的人每年还 700 美元的利息（或者是按月偿还，在这个例子中就相当于每月 58.33 美元），这叫作**现行利**

息（current interest）。

也有些借款条款允许借钱的人一直到第 5 年年末才偿还利息。换句话说，在第 1 年到第 5 年期间，借钱的人都不用支付利息，但是到了 10 000 美元借款到期的时候，就得一下子还上 3 500 美元，这叫作**累计利息**（accrued interest）。

如果这是一笔单利借款的话，不管什么时候支付利息，借款人要支付的金额都是 3 500 美元，等到 5 年后才支付 3 500 美元并不会产生更多的费用。

复利就不是这样了。如果一笔借款的利率是 7% 的复利，借款人要支付的利息就不止 3 500 美元了。为什么会这样呢?

复利

在金融的世界里，**复利**（compound interest）是非常强大的。千万不要忘记这一点。一遍遍地重复这个词，直到把它印在脑子里：复利，复利，复利!

作为贷款人，复利会带给你更丰厚的回报。为什么会这样呢？这是因为，借款人不仅要还给你那 10 000 美元借款的利息，还要给你**没有偿还的利息的利息**。也就是说，由于没有偿还全部的年利息，所以借款人要支出更多的钱。我们来具体解释一下。

我们还是假设你借了一笔 5 年期的借款，就像单利的那个例子一样，利率仍旧是 7%，但这一回，是按复利计算。

在按照复利计算的情况下，第 1 年结束的时候，借款人欠你的利息还是 700 美元，但和前面那个例子不同的是，他当时并没有付给你。记住，在这个例子里，他会在第 5 年年末支付全部利息。利息从第 2 年开始就会加速增长，一直到贷款到期。看看这种计息方式会有多大的影响吧。

第 1 年：**10 000 美元** ×7% =700 美元

第 1 年年末借款人的全部欠款是**10 700 美元**。

第 2 年：**10 700 美元** ×7% =749 美元的额外利息

（第 2 年的利息比第 1 年**增加了 49 美元**。）

第 2 年年末借款人的全部欠款是**11 449 美元**。

第 3 年：**11 449 美元** ×7% =801 美元的额外利息

（第 3 年的利息比第 1 年**增加了 101 美元**。）

第 3 年年末借款人的全部欠款是**12 250 美元**。

第 4 年：**12 250 美元** ×7% =857 美元的额外利息

（第 4 年的利息比第 1 年**增加了 157 美元**。）

第 4 年年末借款人的全部欠款是**13 107 美元**。

第 5 年：**13 107 美元** ×7% =917 美元的额外利息

（第 5 年的利息比第 1 年**增加了 217 美元**。）

第 5 年年末借款人的全部欠款是**14 024 美元**。

按照复利方式计算，5 年后借款人要偿还的利息总额是**4 024 美元**。

（在前一个例子中的单利利息总额是**3 500 美元**。）

作为贷款人，复利让你的收益增加了 524 美元或者说 15%（4 024 美元比 3 500 美元多 15%），这就是复利的奥秘。你可以让利滚利，这样就能比单利赚更多的钱。这很简单，有了复利，你在睡觉的时候，钱还在生钱。

年利率

当你在电视上看到信用卡的广告时，或者看到其他包含财务条款的广告时，比如卖车的广告，你会听到相关的融资成本、借款利率，以及**年利率**（Annual Percentage Rate，简称 APR）。那么什么是 APR 呢？它是关于什么的呢？

为了更好地理解 APR，我们假设你想从银行借 10 000 美元，银行收取的利率是 5%。这笔借款的成本是 500 美元（10 000 美元的 5%）吗？那可不一定，这时候我们就要用到年利率了。

为了从银行借款，你要签署一些文件，在这些文件里会有条款说明你因为这笔借款要支付的费用和手续费。此外，你还能看到这 5% 是适用于一整年的，还是适用于更短的时间区间然后在一年中不断累加的。简单地说，APR 就是你借出钱或者借入钱的总成本。

美国的相关法律规定必须要披露 APR，这样的话，借款人就能知道借款的真实成本是多少了，他们就不会在收到账单的时候被意料之外的收费吓到。

披露 APR 也能让借款人了解从不同贷款人（汽车销售商或者

信用卡公司）那里借钱的成本的差异。

懂了吗？

第十一章　净值
（你的东西值多少钱？）

你可以把净值当成温度计，用它来衡量自己的财富。随着你不断劳动，不断储蓄，你的净值会慢慢增加，你可以看到自己的财富不断增长。

资产

资产（assets）就是你拥有的东西，像房产、珠宝、艺术品、汽车、游艇、家具、现金、股票、债券等。

负债

负债（liabilities）就是你欠别人的东西，像银行贷款、欠其他人的钱、诉讼赔偿、要支付的款项、待支付的税金等。

净值

净值（net worth）就是用一个人拥有的全部资产减去他承担的全部债务和欠款后得到的总价值。简单地说，净值就是资产减去负债。

人们说比尔·盖茨（Bill Gates）是个亿万富翁，他们真正的意思是比尔·盖茨的净值超过1亿美元。如果某个人的净值是100 000美元，那么他拥有的东西的总价值减去他的负债就是100 000美元。

下面我们用一个简单的例子来说明如何计算个人净值：

资产：

房屋市值：250 000美元

银行存款：10 000美元

生活用品价值：2 000美元

汽车价值：5 000美元

资产价值合计：**267 000美元**

负债：

住房贷款：100 000美元

信用卡欠款：20 000 美元

子女相关支出：5 000 美元

负债价值合计：**125 000 美元**

净值：

	267 000 美元
−	125 000 美元
	142 000 美元

财务报表

财务报表就是你想从银行借钱时通常需要提供给银行的一些文件。一般是一两页纸，上面列出了你的资产和负债，以及计算出的**净值**。这份文件要由借款人签署，做出承诺。也就是说，你要发誓你填写的信息都是真实的，如果你在信息上作假，你将会面临法律诉讼甚至背上罪名。一定要坚守底线：在填写财务报表的时候，不弄虚作假。

下页是一份财务报表的样表。看看这张表，你就知道表里的项目有多详细了。

PERSONAL FINANCIAL STATEMENT

The following is my/our statement of all assets and liabilities as of the ______ day of ______________, ______.

Applicant Personal Information				Joint Owner of Assets			
Name:				Name:			
Social Security #:		Date of Birth:		Social Security #:		Date of Birth:	
Residence Address:				Residence Address:			
City, State & Zip:				City, State & Zip:			
Position or Occupation:				Position or Occupation:			
Business Address:				Business Address:			
City, State & Zip:				City, State & Zip:			
Res. Phone:		Bus. Phone:		Res. Phone:		Bus. Phone:	

STATEMENT OF FINANCIAL CONDITION

ASSETS SOLELY OWNED (List here only those assets not jointly owned)	In Dollars (Omit Cents)	ALL LIABILITIES JOINT & INDIVIDUAL	In Dollars (Omit Cents)
Cash on hand and in banks - Schedule A		Notes payable to banks - Schedule H	
Marketable securities and bonds - Schedule B		Notes payable to others - Schedule H	
Other equities & non-marketable securities - Schedule C		Amounts due on credit cards	
Real Estate owned - Schedule D		Delinquent income tax	
Partial interest in real estate equities - Schedule E		Real estate mortgages payable - Schedule D	
Loans receivable - Schedule F		Delinquent real property taxes	
Automobiles and other personal property		Other debts – itemize:	
Cash value-life insurance - Schedule G			
Vested Pension/Profit Sharing/IRA/KEOGH			
Other assets - itemize:			
		TOTAL OF ALL LIABILITIES	
		NET WORTH (Total All Assets Less Total All Liabilities)	
		TOTAL LIABILITIES AND NET WORTH	
		INCOME STATEMENT - FOR THE YEAR ENDED 20_____. ATTACH MOST RECENT YEAR'S TAX RETURN	
TOTAL ASSETS SOLELY OWNED		ANNUAL INCOME	
ASSETS JOINTLY OWNED		Salary	
Cash on hand and in banks Schedule A		Bonus and Commissions	
Marketable securities and bonds Schedule B		Interest	
Other Equities & Non-marketable securities Schedule C		Other Income-itemize: (Alimony, child support or separate maintenance income need not be revealed if you do not wish to have it considered as a basis for repaying this obligation)	
Real Estate owned Schedule D			
Partial interest in real estate equities Schedule E			
Loans receivable Schedule F			
Automobiles and other personal property		TOTAL INCOME	
Cash value-life insurance Schedule G		ANNUAL EXPENSES	
Vested Pension/Profit Sharing/IRA/KEOGH		Home mortgage (principal and interest)	
Other assets - itemize:		Other loan payments	
		Income taxes	
		Property taxes	
		Alimony, child support, separate maintenance	
		Other expenses - itemize:	
TOTAL ASSETS JOINTLY OWNED			
TOTAL OF ALL ASSETS		TOTAL EXPENSES	

SCHEDULE A - BANK ACCOUNTS

Name and Location of Bank	Acct. Type	Cash Balance	In Name of

SCHEDULE B - MARKETABLE STOCKS AND BONDS

Number of Shares or Face Value of Bonds	Description	Market Value	In Name of (If Broker, Specify)	Pledged? (Y or N)

SCHEDULE C - OTHER BUSINESS EQUITIES AND NON-MARKETABLE SECURITIES

Number of Shares Or Percentage Interest	Description	In Name Of	Value	Source of Value	Pledged? (Y or N)

SCHEDULE D - REAL ESTATE SOLELY/JOINTLY OWNED

Address and Type of Property Title in name of	% of Ownership	Year Acquired	Cost	Total Market Value	Balance of Mortgage	Value of Partial Equity Owned

奥马哈先知

谈到净值或者投资，这世界上最著名的一个人就是沃伦·巴菲特（Warren Buffett）了（他是净值在500亿美元左右的富豪之一），人们也称他为**奥马哈先知**（Oracle of Omaha）。问问你的朋友，看看他们知不知道谁是奥马哈先知。我敢打赌他们一定不知道。沃伦·巴菲特来自内布拉斯加州的奥马哈，他一直在那里过着很简朴的生活，同时不断投资赚钱。他的公司叫作伯克希尔·哈撒韦（Berkshire Hathaway，股票代码是BRK/A），他是这家公司的董事长兼首席执行官（CEO），他通过这家公司收购其他公司。他的公司是可口可乐最大的股东，也在IBM占有重要席位，他最近又买了一家铁路公司，还有好多好多公司。

你可能都不相信，我在写这本书的时候，伯克希尔·哈撒韦公司每股股票的价格是209 000美元。这是真的，每股209 000美元。真让人难以置信。你应该研究研究沃伦·巴菲特，看看他是怎么购买股票和在收购公司时做决策的。他进行长线交易，不像其他人那样频繁地买进卖出。从关于他的文章里和他的电视参访中，你能学到很多东西。他一直都是卓越的投资者之一。

把股市作为长期投资的最佳选择，他有多大的信心呢？最近他在一次电视采访中说，他们管理了很多伯克希尔旗下公司的养老金（数千名员工的养老金），那些基金中的所有资金都用来投资股票了——所有。不像其他那些养老金，会构建一个由股票和债券组成的均衡的组合，他完全不投资债券，因为“历史告诉我们，长远来看，你在股票上获得的收益要超过债券。”当这位奥马哈先知发表意见的时候，人们都会洗耳恭听，你也应该这么做。

第十二章 税

还记得“波士顿茶叶”事件，还有“没有代表权就不缴税”吗？好吧……我们现在拥有了他们渴望已久的代表权，但同时我们也开始缴税了。这是一个很复杂的东西，但也很重要：所有人每年都要向政府缴纳税款。

总收入

总收入（gross income）就是某一年里你通过各种方式挣到的钱的总数。

净收入

净收入（net income）就是用总收入减去应缴纳的税款，这是你剩下的属于自己的钱。

税

有一种古老的说法：人生中只有两样东西是确定的，死亡和税。没人愿意缴税，但是税金是我们的政府筹集资金的一种主要渠道，有了这些资金，政府才能提供我们需要的服务。

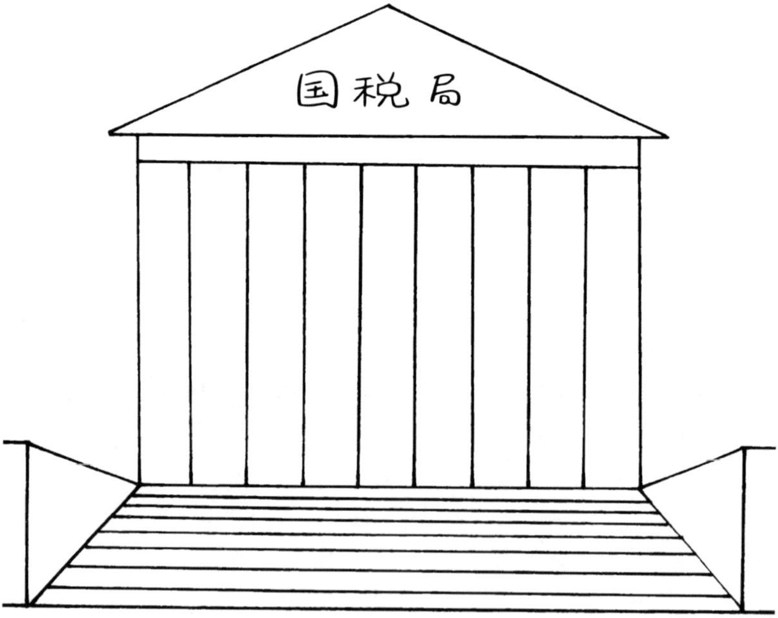

我们的军队靠大家缴纳的税金才得以维系。有了税金，才能雇用情报机构的工作人员以打击恐怖组织，保障我们的安全。你能想到的任何一项政府职能都要靠税金提供资金，至少是提供部分资金：学校运营、道路建设、环境保护、对外援助、医疗保险和医疗补助、国家公园维护、农业支持……所有你能想到的。这些全都要靠税金才能运转。

税金是由各级政府部门收取的，如美国有华盛顿特区的联邦政府、有50个州的州政府，甚至还包括所在地的市政部门和各种有权征税的机构如水利局、学校董事会、图书馆系统，等等。

我们每年需要缴纳的税金有很多种。在美国，最常见的税有所得税、房产税、营业税、资本利得税、社会保障税，还有对利息和股利征收的税。

我们很难列举出所有类型的税，有人一辈子都在研究税法和税收原理。

如果你把税法及相关税收规定都摞起来，它们会在你的桌子上堆成几米高的一堆，每一页上都是难懂的复杂条款。

以美国为例，大多数人每年需要缴纳以下这些种类的税款。

所得税

每一年，美国公民都需要把自己年收入的一部分交给联邦政府，这就是**所得税**（income tax）。他们要缴纳的税款金额取决于他们赚了多少钱及这是什么类型的收入。

工资所得，也称为一般收入或者个人收入，最高可以收取39.6%的税。在此基础上，由于医保等其他事项，要缴纳的个人所得税可能会更高。在历史上，个人所得税率曾经高达91%。想想看吧，人们辛苦工作了一整年，最后只拿到了收入的9%。还好，这样的日子一去不复返了。

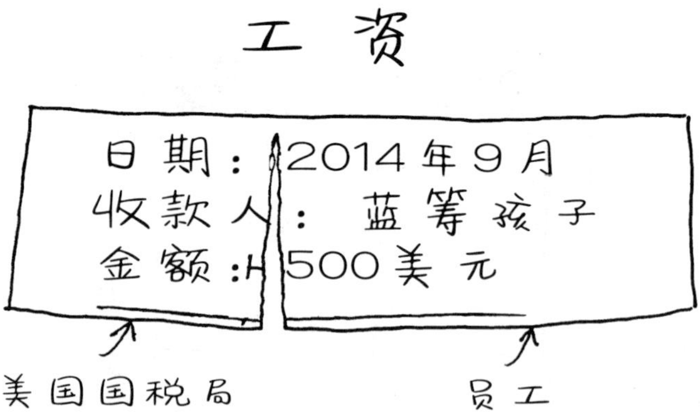

有些州还要收取单独的所得税。如果生活在那些州的话，除了支付给联邦政府的所得税，人们还要向州政府缴纳额外的所得税。州政府收取的所得税一般是每年总收入的5%～8%。

佛罗里达州完全不收税，所以很多人从高税率的州（比如纽约）搬到这里。假设有一个人在纽约州的年收入是100万美元，那么除了联邦所得税的40万美元之外，他还需要向纽约州州政府缴纳年收入的8.82%或者说8.82万美元的所得税。这名纽约州的居民需要向美国政府和纽约州政府缴纳的全部税款是48.82万美元（也有一些避税方法，但我们先不讨论这个）。

如果这名纽约州的居民搬到佛罗里达州去，还是赚100万美元，但他每年就可以省下8.82万美元，因为他不需要向州政府缴税了。所以，税收对于人们选择居住地有着巨大的影响。

房产税

如果在美国有一栋房子或者其他类型的房产，那么人们就需要向房产所在地的政府而不是联邦政府缴纳**房产税**（property tax）。

地方政府需要用资金来提供各项服务，像是消防和治安、道路维修、垃圾处理等。

在很多州，房产税是按**一定比率**收取的，通常是人们拥有的房产价值的一定百分比。比如在佛罗里达州科勒尔盖布尔斯拥有一套100万美元房子，房主需要每年向当地机关缴纳1.1万美元的税款。

营业税

每当去商店买东西或者去餐厅吃饭的时候，人们都向交易所在地的州政府缴纳了**营业税**（sales tax），营业税是按照消费金额的一定比例收取的。

在佛罗里达州，营业税是消费金额的6%。在其他州，营业税率会略有不同，但总体来说，营业税率在3%～7%。零售商在卖出货品的时候收取了营业税（如果是刷卡的话，就是从消费者的信用卡上扣除的），然后再把收到的税金交给州税务机关。

营业税通常被认为是一种**递减税**（regressive）。也就是说，相比高收入的人来说，营业税在低收入的人的收入中占到更大的百分比。因此，很多美国人认为营业税很不公平，并不是州政府获得收入的最佳方法。也许是因为存在这些看法，所以美国没有全国性的

营业税，尽管很久以来有很多人都认为应该收取。欧洲就有全国性的营业税，欧洲人把它叫作VAT——增值税。

资本利得税

资本利得税是针对人们在投资上获得的收入所征收的税。如果投资者买了一只股票，卖股票的时候赚了钱，他就获得了**资本利得**（capital gain），就需要支付资本利得税。如果他买了一栋商用大楼，卖大楼的时候赚了钱，他也获得了资本利得，同样需要支付资本利得税。资本利得的例子有很多，获得了资本利得就要缴纳这种税。

资本利得税有两种：**长期**和**短期**。划分的标准就是你持有你的投资有没有超过一年。

如果投资者持有一只股票超过了一年，然后卖出时赚了钱，他就需要支付收益的20%作为长期资本利得税。如果他持有一只股票不到一年，然后卖出时赚了钱，他就需要支付短期资本利得税，最高可达收益的39.6%。

假设现在他以每股525美元的价格买入了100股苹果公司的股票，两年后以每股625美元卖出。他要缴纳的税款是多少呢？

因为他持有这只股票超过了一年，他需要支付20%的长期资本利得税。他的收益是每股100美元或者说1万美元，因此，他需要缴纳的税款就是2 000美元。

如果他持有这只股票不到一年，他需要支付高达收益的39.6%或者说3 960美元的短期资本利得税。

很多人都会等到持有一年以上再卖出股票，这样他们就可以享受比较低的资本利得税率了。

社会保障税

1935 年，美国时任总统富兰克林·德拉诺·罗斯福（Franklin Delano Roosevelt）签发了美国第一份**社会保障**（Social Security）法，这是罗斯福新政的一部分。这个法律旨在向退休人员按月发放资金，为他们维持生计提供基本收入。

社会保障是一个非常复杂的体系，在这里我很难把它说清楚。但是至少到现在为止，你应该知道的是，每个领工资的上班族都会向政府缴纳社会保障税。在美国，这是除了联邦所得税之外，每个人都需要缴纳的另外一种税。

等到退休的时候，人们就有权从政府那儿领取社会保障资金了，愿意怎么花都行。年轻的时候缴纳了社保，上了年纪之后人们就可以从中领取资金。

利息税

如果人们在银行里存了钱，每年都会收到存款利息。如果人们持有债券，就会收到债券利息。如果人们把钱借给别人，就会收到借款的利息。这些只是人们得到**利息收入**（interest income）的几个例子。

联邦政府按照所得税率对利息征税，最高税率是 39.6%。

股利税

股利（dividends）就比较复杂了。它既可以适用于所得税率也适用于资本利得税率，这要看这个股利是不是合格股利。如果遇到这个问题，人们可以向专业的会计师咨询。

审计

审计（audits）这个概念很容易理解。审计就是由外部的会计师来检查公司的财务报告，确保这些报告符合美国**公认会计原则**（GAAP）的要求，确认公司不存在欺诈或是其他财务违规行为。

大多数公司都有自己的内部会计或者记账部门，这些部门的工作就是记录每天公司的资金流入、流出、工资情况、现金管理等事项。如果这些部门的员工能力不足，或者更可怕的是，他们偷偷从公司窃取资金的话，那麻烦就来了。

为了确保财务账目和记录的准确性，公司会雇用外部会计师事务所每年核查一遍所有的账务。外部审计结束之后，独立审计师会签署一份报告，说明公司一切正常或者存在某些问题。只有得到了公司的**经审计的财务报表**，你才能确保你所得到的公司财务信息是准确的。

美国国税局（IRS）也会对美国的个人和公司进行审计。每一年，IRS 都会挑选出一些纳税人，对他们报送的纳税申报表进行审计，确保表格填写无误，年纳税额已经全额缴纳。如果有错误或者存在欺诈，纳税人可能会被罚款甚至坐牢。在税务上千万不要耍诈，这样你才能睡个安稳觉。

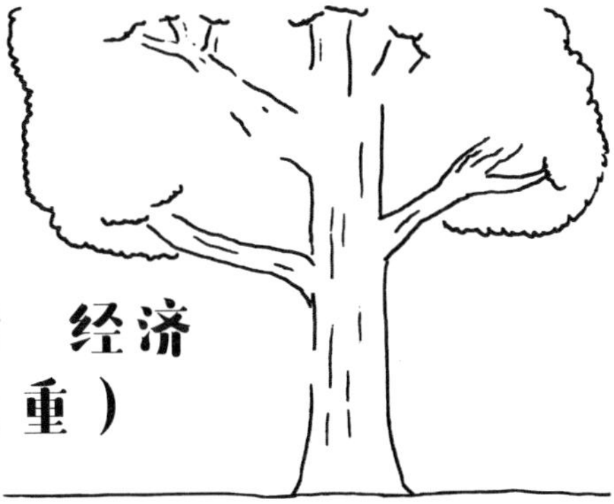

第十三章 经济
（重中之重）

这跟挑选股票没有关系。即便你是个好的投资者，你还是要了解整体的经济情况，因为所有公司都是相互依存的。如果其他的公司都表现不佳，那么你的股票也好不了。想要弄明白经济运行，你需要了解本章的概念。

美联储

如果想对美国的财政体系有个基本认识的话，你起码要知道有**美联储**这么一个机构，通常人们简称它为 **Fed**。这是一个政府机构，它向美国国会汇报工作，但是与政府的行政机关、立法机关和司法机关相互独立。

美联储是美国的中央银行，它是领头羊，是大哥大，是美国银行业里的王者。目前，美联储的主席是**珍妮特·耶伦**（Janet Yellen），她是美联储历史上第一位女性领导人。

美联储是美国国会在 1913 年建立的，目的是在金融危机之后协助稳定国家的财政体系。1929 年的大萧条使美联储面临巨大的挑战，美国要努力掌控疲软的、濒临崩溃的经济。

关于美联储的书有很多很多，详细介绍了关于美联储及其在经济中的角色。你可能得花费好多年来研究美联储的历史，以及它的各种举措对美国经济造成的影响。这些事你以后可以考虑，而现在，你只需要了解一些基本常识。

美国国会建立美联储是为了制定货币政策，达到以下目标：

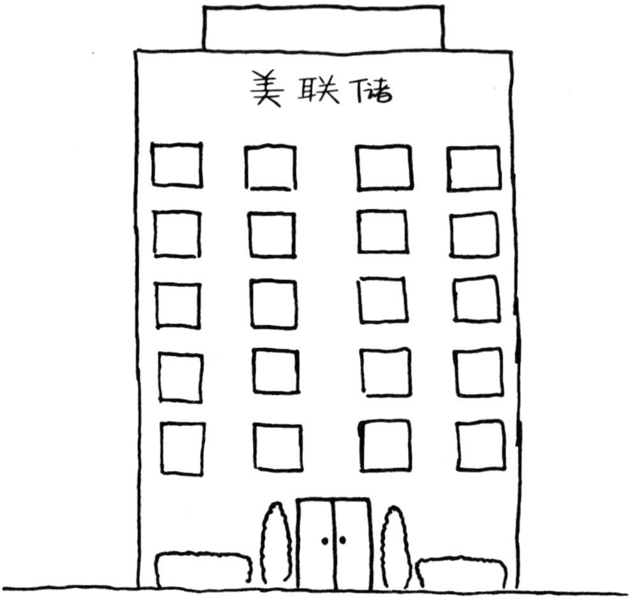

1. 实现就业最大化。
2. 稳定物价。
3. 维持合理的长期利率。
4. 制定货币政策。
5. 管理银行。
6. 向银行提供金融服务。
7. 公布像褐皮书（beige book）这样的经济调查报告。

想想看，从整个国家的角度（宏观角度）来看，美联储的这些目标都是好事情，这些目标都是值得赞扬的，每个国家和经济体为了生存和发展应该都希望达到这些目标。

难道人们不想要合理的利率吗？难道人们不想把就业最大化吗？难道人们不想规范银行管理，免得银行挥霍他们的钱、破坏经济发展吗？人们会这样想，对吧？

但是也有人批评美联储。美国华盛顿特区有一些知名政治家认为美联储没有存在的必要，应该废除这个机构。尽管存在这些争议，美联储还是一直存在。

你可以把美联储想象成美国经济和银行体系的“看门狗”。美联储里有很多非常聪明的经济和金融专家，他们会持续监控利率、经济和银行的动态。

如果美联储觉得一切正常——失业率很低、公司运转良好并且赢利、银行的财务状况很稳定并向公司和个人发放贷款——这时候美联储就不会干预。但是，如果失业率很高、利率飙升、银行也无法发放贷款以保持经济增长，这时候美联储就要使用一些经济手段改变这种情况。

好了，关于美联储我们说得差不多了。这是一个值得深入研究的重要问题，不过你现在起码已经了解了些皮毛。

国内生产总值

为什么我们谈起钱的时候很爱用“恶心”[①] 这个词呢？你在背包里找到的过期三明治很恶心、水缸里的死老鼠很恶心，但是我们现在用这个词的时候指的是什么呢？什么是国内生产总值呢？是怎么加总的呢？

国内生产总值（Gross Domestic Product，简称 GDP）指的是一个国家或地区在一年之内制造的最终产品或者提供的服务的总价值。想想看，如果把美国这一年生产出的每一件最终产品的价值加起来，再把服务业（服务生、酒店前台、教师、警察、消防队员、医生、律师等）提供的各种服务的价值加起来，最后得到的总数就是美国的 GDP 或者国内生产总值了。

① gross 中文为总体的，在口语中也有“恶心”的意思。——译者注

GDP 有多大规模呢？2012 年美国制造的最终产品或者提供服务的总价值是 16 万亿美元。没错，是万亿，不是 10 亿。这个数字就是这样：

16 000 000 000 000 美元

下次你在学校吃午饭的时候可以用上这个冷知识。问问你的朋友美国去年的 GDP 是多少，看看他们怎么说。我猜他们连边儿都挨不上。

为什么说 GDP 很重要呢？你为什么应该对 GDP 有所了解呢？有几个原因：第一，你会在财经新闻节目里听到大家讨论这个词，下次你再听到或者读到的时候，你就知道大家在说什么了；第二，投资者需要知道国家的 GDP 每年是增长还是下降了。

经济增长对于股市来说是个利好。公司制造和销售的商品变多了，它们就会赚更多的钱，很可能会产生更多利润。利润增长会推动股价上升。还记得**市盈率**吗？

然而，GDP 的计算是向后看的。也就是说，当经济学家计算出某一个季度或者某一个年度的 GDP 的时候，那个时间段已经过去了，我们看到的是过去的表现，而不是当下的。

这就是历史数据的问题所在。但不管怎么说，了解 GDP 的表现还是很有用的。这个数据可以帮助我们了解我们的经济是在**衰退**、**停滞**，还是**增长**。理解了整体表现，或者说经济学家所谓的**宏观经济**，能帮助我们预测未来的经济走势，这不仅包括整体经济的表现，还包括我们想要投资的那些公司的表现。

买股票或者进行其他投资的人事实上是对未来的经济表现下注。当你买入苹果公司的股票的时候，你不是因为苹果公司去年赚了一大笔钱而买，是因为你相信苹果公司今年或者以后会赚大钱。你之所以得到这个结论，部分原因是你知道目前的经济状况会让苹果的销售额不断增长，而如果想要对此有所了解，你就得关注 GDP。

GDP 很重要的第三个原因是，华尔街预测 GDP 会增长1 个百分点或者 4 个百分点会对股价产生直接的影响。如果华尔街的精英们认为 GDP 在加速增长，他们可能会抬高股价；相反，如果他们认为 GDP 会下降，他们就不会愿意再投资股票了，这就会对你持有的或者未来打算买的股票价格产生直接影响。出于以上种种原因，你应该多关注一下大家对 GDP 变化态势的看法。

预算

预算（budget）就是对你未来赚到的钱或者得到的钱，以及同一段时间中你预计支出的钱进行的一项计划或者**预测**。

每一年，美国总统都会向美国国会提交预算案，对来年的国家收入和联邦政府如何运用这些收入进行详细地规划。从概念上来说，普通的美国家庭所进行的预算和国家预算没有什么差别。

家庭应该对于自己每一年能赚多少钱有个大体的认识，这样才能确保自己量入为出。对预计的收入和支出进行规划就叫**预算**。预算就是逐项列出某段时间内你会收到的钱及同样这段时间内你要支出的钱。

预算

收入
- 工资
- 利息
- 股利

支出
- 房贷
- 车贷
- 保费

预算的结果

预算的结果有 3 种：

1. **预算赤字**。如果在你制定的预算中，支出大于收入，那么你得到的就是预算赤字。
2. **预算盈余**。如果你的预算显示，你赚的钱将会超过支出，那么你得到的就是预算盈余。
3. **预算平衡**。如果你的预算表明，你的支出刚好等于收入，那么你就实现了所谓的预算平衡。

现在美国人都很关注联邦政府的预算赤字，因为支出超过了税收收入。美国已经好多年没有预算盈余了。

国家债务

很长一段时间以来，美国政府的支出都超过了收入，为了满足这些超额支出，政府就得通过销售美国中期债和长期债借钱。（还记得关于国债的讨论以及美国向中国借钱的事吗?）

过去这些年美国一直在借钱、借钱、借钱，已经积成了一座高不见顶的债务大山。美国现在借了没还的债务有多少？准备好听答案了吗？做好难以置信的准备了吗？17.5 万亿美元！没错！不是 10 亿，是万亿级别，整整 17.5 万亿美元的债务。这个数字大到让你没办法理解，你可能还记得，这个数字基本相当于美国一年的 GDP 了。还记得那个 16 万亿美元吗？

如果你想搞清楚美国国家债务到底有多少，可以去看看网站 www.usdebtclock.org，那些数字会让你难以置信。债务数字让人震惊，而且在不停变化。去看看吧！

赤字和国家债务：跟投资有什么关系

赤字和国家债务与股市投资者有关系吗？在选择买哪只股票的时候要考虑这些因素吗？答案是肯定的。

比如说，如果你想投资一家公司，而这家公司的业务与联邦政府有关。因为人们为国家债务支付了太多的利息，国会很快就会削减军备支出（战斗机、军舰、新型武器系统，以及未来科技），然后你就不会选择购买洛克希德·马丁公司（Lockheed Martin）、通用动力公司（General Dynamics）、雷神公司（Raytheon），以及类似军工企业的股票了。

在蓬勃发展的经济中，每一家公司都会有更好的表现，公司未来的业绩会更好，我们不会承担过重的债务。正如你所期待的，股市也会有积极的回应。

当政府的支出主要用于支持国内企业发展而不是向作为债主的国家偿还债务时，更可能出现牛市（有利于想买股票的人）。

你应该对国家债务和债务带来的利息负担始终保持关注。这是总体经济发展的重要组成部分，对于我们缴纳的税款和经济的总体健康有着直接的影响。

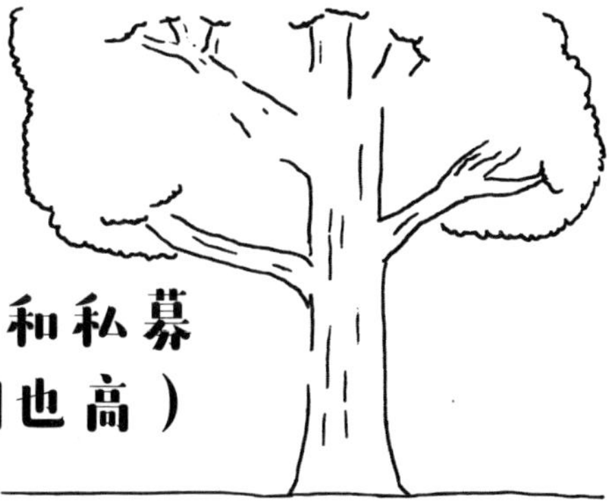

第十四章　风投和私募（赌注高，利润也高）

风险投资家和私募股权投资人经常会直接投资私人公司，这些私人公司的股票没有可以流通的公开市场，风险投资家和私募股权投资人要想把自己的投资套现（这是对赚钱的一种更专业的叫法），唯一的路就是确保他们投资的是一家成功的公司。

风投

风险投资（简称风投，Venture Capital，英文简称 VC）指的是从有钱人那里筹集资金，然后投资不同的新成立的公司，投资人希望可以凭借这些投资赚大钱，比投资一般的股票或者债券赚多得多。

投资的要义就在于**风险和收益**。如果你买入一只股票，你就面临股价下跌、投资亏钱的风险。如果你希望得到有保障的 3% 的收益，你可以买美国**国债**，那基本上没有风险。但是，如果你想得到高额回报——让你的投资翻上 10 番、20 番，甚至更多，那你就可以做个风险投资家或者投资风投基金。但是要记住，如果你想获得高收益，你就得承担高风险。投资风投基金，你可能会血本无归，所以一定要当心。

世界上的风投公司有上百个，它们都在搜寻着下一个谷歌、苹果、脸书，希望能狠赚一笔。

凯鹏华盈（Kleiner Perkins）和**红杉**（Sequoia）是最大、最有名的两家风投公司。它们已经经营了 50 多年，投资了几百家获得成功的新公司。它们的创办人在这个过程中都得到了巨额财富。你可以去这两家风投公司的网站上了解更多的信息。

不像共同基金，从投资者那里筹集资金然后用这笔钱去买在证券交易所交易的股票和债券，风投基金筹集了资金之后，会一直用于投资私人公司，并且深度参与协助经营。当然，风投公司也会投资上市公司，但投资私人公司在赚取回报上会更有挑战性，因为把私人公司卖掉比卖出上市公司的股票难多了。

一般的个人投资者购买股票是一种**被动**投资，不需要进行主动管理。你把股票买回来之后，要靠其他人运营公司。而风投公司进行投资的时候，它们要在公司董事会中占有一席之地，并投入大量的时间关注公司的运营状况及提出建议。对它们来说，这是一项需要亲自实践的**主动**投资。

风投所投资的公司一般都是**新成立**的公司，员工很少，需要资金来发展壮大。它们可能从亲朋好友那里得到了一些**种子资金**，但是缺乏资金和专业技能把公司带上一个新台阶。因此，它们需要有钱、有经验的专业投资者帮助公司继续向前，这时就是风投公司发挥作用的时候了。它们不仅会给投资的公司带来资金，还会带来管理技能。

如果一家风投公司想要投资一家初创公司的话，它会派出一个团队，与公司管理层进行会谈，了解需要了解的每一件事。在投资一家公司之前所进行的调查被称为**尽职调查**。

尽职调查团队的工作结束之后，会向风投公司的董事会提交一份建议书，说明是否应该投资那家初创公司。如果它们决定投资，

就会向初创公司提供一份**报价**，详细说明它们的投资金额和相关条款。它们的报价被包含在**投资意向书**里，一般有几页纸。如果那家初创公司觉得这些条款可以接受，就会签署**合同**，风投公司的投资就算达成了。

如果那家初创公司回绝了风投公司，那就没有然后了。风投公司会继续寻找其他公司，而这家初创公司需要去其他地方寻找自己需要的资金和专业技能。

很多初创公司觉得风投公司提出的条款过于苛刻。风投公司对公司的定价通常比公司创始人认为的低，它们希望用自己的投资金

额占据更大的份额，大于公司创始人愿意给予的。它们希望获得更大的控制权，超过公司所能接受的程度。它们还想在董事会里占据一席之地。对于苦苦挣扎的初创公司来说，虽然它们不愿意接受这些条款，但如果它们需要钱，就别无选择，只能同意风投公司的条件。

通过风险投资起家的公司包括亚马逊（Amazon）、脸书、高朋团购（Groupon）、推特、谷歌、网景（Netscape）、网络医生（WebMD）、美国在线（AOL）、苹果、优兔（YouTube）、贝宝（PayPal）、雅虎（Yahoo!）、瓦次普、领英（LinkedIn），以及基因科技（Genentech）。

这些都是风险投资中的赢家，但是也有好多失败者。风投公司不是100%的正确。它们做出的某些投资实际上是失败的，

亏了钱，但它们成功的次数只要比失败的次数多就好了。

风投的投资实际上是一种理性的下注，它们认为初创公司会经营得很好，在投资之后，通过不懈努力，它们希望自己的资金能获得可观的回报。

美国风投的历史就是美国新经济的历史。计算机产业、社交媒体及互联网公司的存在，都是因为在没有任何人愿意投资的时候，风险投资家愿意投资。这是一个迷人的行业。

关于风投行业的书有很多，如果你感兴趣，可以找几本来读读。

私募股权

私募股权（Private Equity，简称 PE）和风险投资有一点类似，它也是从私人投资者那里募集资金，向一家公司注入运营资金以换得股票，但是私募股权的投资者倾向投资更成熟的公司，这些公司的业务稳定，已经开始赢利。风险投资家会投资更新的公司，刚刚开始运营，可能还没有推出产品，没有赢利，也没有占领市场。

私募股权投资人对于风险的规避程度比风投高，他们采用的交易模式与风投截然不同。

第十五章　理财专家（成为优等生！）

祝贺你！当你读到这里的时候，你已经走在成功路上了。比起没读这本书的时候，你已经变得更聪明了，你比同龄人懂得更多关于钱、投资和股市的知识。要一直学下去，你以后会需要这些技能。

退休计划

退休的意思就是你不再上班了，这时你必须存够了钱以供生活之用，或者退休后你能以某种方式不断获得收入。不管怎么样，你总得支付各种开销。当你还是个孩子的时候，退休对你来说很遥远，简直不值得花时间想，但即使是年轻人，也应该对此有所了解。

多数人高中毕业的时候都是18、19岁。他们大学毕业时大概是22岁，有些人还会再读2年到5年的研究生。像是法学院，需要大学毕业之后再读3年，医学院的话大概需要5年，拿到工商管理硕士学位需要再读2年，等等。

当毕业以后，你就开始了自己的职业生涯，如果一切顺利的话，你会赚到足够的钱，供你不再工作的时候或者是退休的时候用。人们退休的年纪各不相同，但是总体上讲，退休年龄通常在60岁到75岁之间。

也有人不会退休。他们一直工作，有可能是因为没有足够的钱供生活之用，也有可能是他们热爱工作，他们愿意把时间都花在工作上。

如果你希望自己有能力想退休时就退休，要想实现这个目标，你就得有健康的财务状况和周全的财务计划。

退休之家

目前，美国政府有一项退休计划叫作社会保障，这是源于1935年大萧条之后的罗斯福新政。它向62岁以上的老人按月发放资金，但这笔钱并不多，大约是每个月2 200美元。每个人拿到这笔钱的时候都要支付所得税。

然而，现在美国的年轻人不能指望自己退休的时候还有社会保障。美国社会保障计划已经很多年入不敷出了。因此，如果没有改善措施的话，也许有一天这个计划会终止，它会付不出该支付的钱来。

美国年轻人应该做好这样的思想准备，当他们退休的时候，社

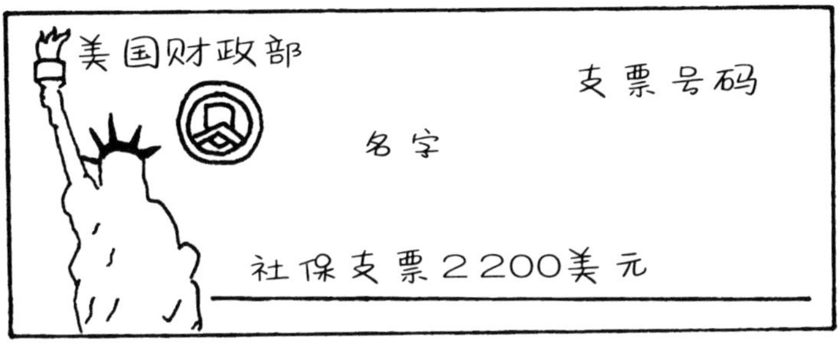

保可能已经不能为他们提供资金支持了。为了能退休，他们应该靠自己存足够的钱，即便没有政府支持也能自给自足。

想要确保自己不工作的时候有足够的钱，实际上有很多方法。你可以在工作的时候投资很多类型的**养老金计划**，还有**保险**和**年金**，这些投资可以在你退休之后提供资金返还，或者你也可以存钱，谨慎投资，构建自己的账户，以供自己未来生活所需。

然而，说了这么多，你需要记住的最重要的事就是，你要靠自己去规划退休后的生活。想到了，做到了，钱自然就来了。没有什么捷径。全要靠你自己存够钱，构建自己的投资组合，让你在退休之后仍有进项来维持生活。

在你刚开始工作的时候，就要把这些牢牢记在心里。要把赚来的钱存起来一部分，不要让你的生活水平超过你的承受能力。**记住最重要的准则：量入为出！**当你退休的时候，回顾过去，你会很庆幸自己早早就开始未雨绸缪了。

开始存钱，早做打算，这两件事多早都不算早。

你的使命，你选择接受吗

美国这一代的孩子们任务艰巨。他们身上背负着沉重的国家债务，这就要看他们如何机智化解了。怎么才能还清这些债务的利息？怎么才能减轻债务负担？有没有可能还清债务？努力还清债务是不是明智之举？

这些只是他们长大后需要解决的问题中的一部分。这本书里介绍的东西很重要，这些知识能促使孩子们思考那些在他们的时代里的重大问题，帮助他们为自己未来的职责进行筹划。很快他们就要肩负起这一职责了。拥抱它，抓住机会，那将是他们光芒闪耀的时刻。

你现在是理财专家了

祝贺你！你做到了！我们结束了关于钱、关于投资、关于股市的旋风之旅。

如果你从头到尾读了这本书，你肯定已经掌握了那些重要的知识，成为理财专家。

回想一下你学到了什么，当你遇到相关的问题时，把这本书当成指南，尽可能多学一些更深入的知识。

你现在已经领先于你的同龄人了，你已经走在成功的路上了。

要再接再厉！

第十六章　旅途结束，也许是个新的开始

“各位旅客请注意，接到机长通知，飞机很快会着陆。请系好您的安全带，收好小桌板，调直座椅靠背，感谢您与我们同行。希望您旅途愉快，并希望您能再次选择蓝筹孩子航空”。

这真是一段奇妙的旅程。从旅程开始时，我们一起到访了许多有趣的、重要的地方。这本书不是想把你变成各个领域的专家，而是想向你展示钱、投资和股市的世界，这样你会愿意学习更多的知识。

如果你花了不少时间，把这本书读了好几遍，对书中的内容进行了认真的思考，那么对于如何赚钱、如何管理钱、如何规划自己的财富，你将会有更深入的认知。没有人会为你做这些事，你只能靠自己，你一定能凭着自己的聪明才智和努力做到这一点。

祝你好运。蓝筹孩子已经准备好下一段激动人心的旅程了。

为了不给律师添麻烦，有些事我要说清楚：在用自己的钱或者父母的钱进行消费或者投资之前，你要先咨询一下懂行的人。这本书里的内容主要是为了向你介绍关于钱、投资和股市的一些基本概念，在你学习了更多知识之前，不要把本书作为投资的依据。

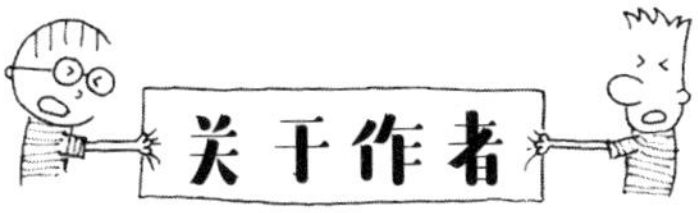

关于作者

写这本书主要是源于一个单纯的想法，就是给我 13 岁的儿子特伦特（Trent）写点东西，让他了解一下钱、投资和股市。尽管他就读的是一所非常好的学校，但在初中时学校完全没有教这方面的内容，而升入高中之后，也没有相关的课程。我觉得，这些东西很重要，不应该忽略，因此，我决定自己承担起教学责任。最后就有了这本包含 100 个话题和 165 幅有趣插图的书。最开始我只是打算写给自己的儿子，最后我愿意把本书分享给每个对此感兴趣的人。

我们应该唤醒社会意识，把传授孩子们金融知识当成一件严肃认真的事。这种赚钱、理财、投资的必备技能和学地理、天文、艺术、青蛙解剖、代数、乐器、足球一样重要，对，包括足球。

大量研究表明，美国的高中毕业生对于金融知识的掌握落后于其他国家的高中毕业生。另外有研究显示，如果在毕业之前能学习一些金融知识的话，未来他们就能做出更好的投资决策。

高额的学生贷款让很多美国年轻人都没办法实现自己的梦想，甚至有老年人用自己的社保去还学生贷款。指导人们如何理财和投资，让他们了解过量债务的后果，这件事已经迫在眉睫。作为父母我们要行动起来，这本书就是我为此付诸行动的第一步。未来蓝筹孩子系列还会发展壮大。

在现实生活中，我是斯图尔特·迪尔曼·福克斯·比安奇·凯恩（Stewart Tilghman Fox Bianchi & Cain）人身损害律师事务所的一名律师，这家事务所位于美国佛罗里达州的迈阿密。我有超过 35 年的从业经验。我以优异的成绩在塔夫茨大学（Tufts University）获得了经济学学士学位，在波士顿学院（Boston College）法学院获得了法学学位。你可以在 http：//www. stfblaw. com/attorneys/david-bianchi/上面看到我的全部信息。

这本书里的插图都是由 17 岁的凯尔·比安奇（Kyle Bianchi）绘制的，他是个有着惊人天赋的艺术家。他的每一幅插图都是根据我的邮件内容创作的。凯尔很快就抓住了每幅画的要点，对于要表达的东西呈现得恰如其分，他以破纪录的速度完成了所有的创作。谢谢你，凯尔。

最后，要不是我美丽的妻子、特伦特的好妈妈朱丽叶（Julia）对我从始至终的支持和鼓励，也不会有这本书，她一直都在为了把世界变得更好而努力。